家蚕
食用品质评价与加工技术

◎ 廖森泰　等 著

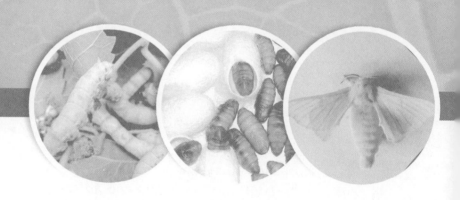

U0337498

中国农业科学技术出版社

图书在版编目（CIP）数据

家蚕食用品质评价与加工技术／廖森泰等著 . —北京：中国农业
科学技术出版社，2018.10
ISBN 978-7-5116-3739-0

Ⅰ.①家…　Ⅱ.①廖…　Ⅲ.①家蚕-食用品质②家蚕-食品加工
Ⅳ.①S8859②TS205

中国版本图书馆 CIP 数据核字（2018）第 122414 号

责任编辑　崔改泵
责任校对　李向荣

出 版 者　中国农业科学技术出版社
　　　　　北京市中关村南大街 12 号　邮编：100081
电　　话　(010)82109194(编辑室)　(010)82109702(发行部)
　　　　　(010)82109709(读者服务部)
传　　真　(010)82106650
网　　址　http://www.castp.cn
经 销 者　各地新华书店
印 刷 者　北京科信印刷有限公司
开　　本　710mm×1 000mm　1/16
印　　张　14.5
字　　数　246 千字
版　　次　2018 年 10 月第 1 版　2018 年 10 月第 1 次印刷
定　　价　60.00 元

资　助

国家蚕桑产业技术体系岗位科学家（CARS-18-ZJ0503、CARS-18-ZJ0506）

农业部公益性行业（农业）科研专项"蚕桑资源高值化加工利用技术及设备研究与示范（201403064）"

广东省现代农业产业技术体系创新团队（2016LM1087）

广州市科技计划项目"蚕蛹味肽 MRPs 在粤式肉脯加工/储藏过程中延缓油脂酸败机理的研究（201804010095）"

广州市科技计划项目"蚕蛹味肽的风味固化关键技术与新产品开发（201704020101）"

《家蚕食用品质评价与加工技术》
著 者 名 单

主　著　廖森泰

著　者（按姓氏笔画排序）

王思远　刘　凡　刘　军　刘子放　吴娱明

肖　阳　肖更生　邹宇晓　沈维治　林光月

施　英　胡腾根　穆利霞

参与研究的研究生：

刘源源　刘　翀　李伟欣　陈　政　陈惠娟

余　清　张　颖　宋　昆　吴　婕　郑翠翠

董　洁　鲁　珍　谢书越

前　言

长期以来，家蚕养殖主要以结茧为唯一目的，相关的科学研究主要集中在高产抗病品种选育、省力化养殖、蚕病综合防治、缫丝工艺以及配套加工设备。近年来，随着现代科学技术的快速发展，家蚕的营养和保健功能逐渐被人们了解和关注，围绕家蚕资源的营养和功能成分的基础研究、食用加工新技术和新产品研发已成为食品领域的新热点。然而，目前在家蚕资源的开发方面还存在诸多突出的科学技术问题。

（1）家蚕资源种类繁多，但品种间基于营养和功能成分的品质评价研究基础较少，加工专用品种缺乏，以食用加工为目的的加工特性研究鲜有报道，家蚕发育过程中的营养和活性物质变化规律的研究尚属空白。

（2）家蚕的诸多营养保健功能记载主要源于古代中药典籍记载，其内在的物质基础及作用机制还缺乏现代医学、营养学的科学阐释。

（3）针对家蚕蛋白、油脂两大营养物质的食用加工技术研究基础薄弱，蛋白异味、油脂氧化等关键技术问题一直未得到有效解决。已有的部分家蚕食品普遍存在加工技术粗糙、质量标准缺乏和产品质量不稳定等问题，影响了家蚕食用加工产业的发展。

为了给家蚕食用开发提供科技支撑，我们围绕家蚕资源的高值化加工利用的总体目标，系统开展了家蚕资源的营养成分、功能成分和加工特性评价，构建了家蚕资源食用加工数据库；建立了加工专用品种筛选目标与方法，获得了一批营养成分、功能成分和加工特性突出的专用品种；突破家蚕资源加工过程中的一批关键技术瓶颈，研发了一批新技术及新产品。本书将这些研究汇总整理，旨在为实现家蚕资源食用加工的深度开发和产业化提供参考。

　　本书分为三部分，第一部分是家蚕资源活性成分数据库构建，包括不同品种家蚕活性成分比较分析、家蚕发育过程中活性成分的变化规律及缫丝过程对蚕蛹主要营养成分的影响；第二部分是家蚕蛹加工技术研究，包括蚕蛹蛋白、蚕蛹油、蚕蛹健康食品的加工技术研发及其抗氧化、抑制肿瘤细胞增殖、降血糖、降血脂等功能评价；第三部分是蚕蛾资源食药用开发新技术研究，重点研究了雄蚕蛾蛋白多肽、蜕皮激素和睾酮等的制备工艺及抗疲劳功效。

　　由于时间仓促，著者水平有限，不当之处，敬请批评指正。

　　　　　　　　　　　　　　　　　　　　　　　　　　著　者

　　　　　　　　　　　　　　　　　　　　　　　　2018 年 5 月

目　　录

第一章　家蚕资源活性成分数据库构建

研究中收集了我国具有代表性的家蚕品种资源 100 余种，测定家蚕不同品种和不同发育阶段的主要营养成分（蛋白含量、氨基酸组成、油脂）与生物活性成分［1-脱氧野尻霉素（DNJ）、蜕皮激素、多糖、黄酮］等，围绕我国家蚕资源高值化加工利用目标，构建代表性家蚕资源加工利用基础数据库。

样品采集方式及处理：从广东省农业科学院蚕业与农产品加工研究所蚕种资源库搜集整理不同品种蚕蛹，结茧成熟后削去蚕茧取出鲜蚕蛹，开水漂烫处死，在 50℃烘箱中烘 72 h，烘干后打粉，密封保存在 4℃冰箱中备用。

第一节　不同品种家蚕活性成分比较分析

一、不同品种蚕蛹单蛹重和含水率的比较

对 50 种常见品种蚕蛹样品的单蛹体重和水分含量进行了测定，结果如表 1-1 所示。

表 1-1　不同品种蚕蛹单蛹重和含水率

样品名称	单蛹重（g）	含水率（%）	样品名称	单蛹重（g）	含水率（%）
GB	0.96±0.19	78.91	TOFTJ	1.09±0.18	77.18
GH	1.08±0.19	79.09	TOOS	0.94±0.16	75.77
JQ	0.85±0.18	78.47	FSOF	1.06±0.18	76.18
SZON	0.89±0.18	77.68	SNOO	1.06±0.19	76.98

（续表）

样品名称	单蛹重 （g）	含水率 （%）	样品名称	单蛹重 （g）	含水率 （%）
ENT	0.63±0.10	77.20	showa	1.02±0.19	77.22
FF	0.75±0.19	75.97	ASOO	1.06±0.19	73.94
TX	0.86±0.16	77.90	CQD	1.25±0.19	77.01
XH	1.07±0.20	77.89	GJOH	0.92±0.19	79.37
FST	1.03±0.20	73.39	HF	1.04±0.16	80.67
FSE	0.97±0.19	75.16	KFF	0.84±0.13	73.51
FFE	1.13±0.19	76.53	LF	0.96±0.15	78.55
SET	0.84±0.14	77.30	MTOH	1.11±0.21	77.36
ETOO	1.28±0.24	75.77	MTTH	0.99±0.20	78.65
ESSS	0.99±0.18	75.52	QFT	0.95±0.16	77.02
EB	1.02±0.17	74.46	WCFH	0.96±0.17	77.38
NFR	1.18±0.16	75.06	XJ	0.93±0.14	75.45
NFZS	0.91±0.17	75.80	YOTF	0.97±0.17	74.52
Kinshu	1.37±0.19	76.11	YOJ	0.96±0.22	77.16
XSE	1.09±0.17	77.58	ZY	0.99±0.15	77.48
YYB	1.36±0.18	76.28	TTOO	1.11±0.19	74.03
ZY	0.90±0.17	76.26	TTOT	1.15±0.19	75.19
DHXH	0.81±0.16	75.56	THT	1.01±0.16	76.22
XHR （XX）	0.97±0.16	78.57	YXTH	1.08±0.19	78.78
LJDLJ	0.75±0.09	74.71	YYOH	1.10±0.15	78.36
XFF	0.91±0.16	76.97	JHJ（H）	0.86±0.12	78.47

注：单蛹重 $\bar{x}±s$，$n=50$；其他指标 $\bar{x}$，$n=3$

50 个品种的蚕蛹单蛹重量变幅较大，在 0.63 ~ 1.37 g 之间，最重和最轻的品种蛹重差异达 117.46%，最重的品种是"Kinshu"，最轻的是"ENT"。化性对蚕蛹重量存在不同程度的影响，二化品种单蛹重普遍高于多化品种，其中多化品种蚕蛹单重最高的是"GH"，达到 1.08±0.19 g，最低的是"ENT"，只有 0.63±0.10 g；二化中系品种蚕蛹单重最高的是"CQD"，达到 1.25±0.19 g；二化日系品种蚕蛹单重最高的是"Kinshu"，达到 1.37±0.19 g。按照 50 个样品的单蛹体重将其分为 16 个区间，对各区间的样品数量进行频数分析，结果如图 1-1 所示，供试样品在 0.63 ~ 1.25 g 之间基本趋于正态分布，其中有 36 个品种的单蛹重集中在 0.09 ~ 0.18 g

（占总体 72.00%），超过 1.20 g 的品种有 4 个（占总体 8.00%）。

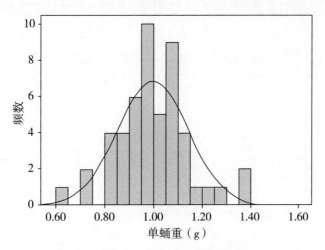

图 1-1　50 个品种基于单蛹重的频数分布

50 个蚕蛹水分含量变幅较大，在 73.39%~80.67% 之间，水分含量最高和最低的品种差异达 9.92%，其中多化品种含水率为 75.97%~79.09%，二化中系品种含水率为 73.39%~78.57%，二化日系品种含水率为 73.51%~80.67%。所有采集的样品中，含水率最高的是二化中系白茧 "HF"，最低的是二化日系白茧 "FST"。按照样品的含水率将其分为 12 个区间，对各区间的样品数量进行频数分析，结果如图 1-2 所示，供试样品在 73.39%~80.67% 之间基本趋于正态分布，其中有 36 个品种的水分含量集中在 75.06%~78.91%（占总体 72.00%），超过 79% 的品种有 3 个（占总体 6.00%）。

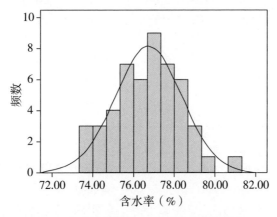

图 1-2　50 个品种基于含水率的频数分布

二、不同品种蚕蛹粗蛋白含量的比较

测定了 102 个蚕蛹样品的粗蛋白含量，结果如表 1-2 所示。蚕蛹蛋白含量变幅较大，在 44.43%~74.78% 之间，粗蛋白含量最高和最低的品种差异达 68.31%；粗蛋白含量最高的品种是 "GJOH"，达到 74.78%，最低的品种是 "TFS-O"，粗蛋白含量只有 34.29%。

表 1-2 不同品种蚕蛹粗蛋白含量

样品名称	粗蛋白含量（%）	样品名称	粗蛋白含量（%）	样品名称	粗蛋白含量（%）
OESFFZ	56.82	OFFTOFS	47.56	NFZS	60.32
TSE	56.04	OSTNFZS	55.18	Kinshu	60.91
ONFTOT	63.55	OOTYTOD	44.28	XSE	57.48
TOFNTT（T）	64.13	MTTHS	51.96	YYB	56.92
TTSHT	58.84	OSSSFSTS	44.53	ZY	61.88
TFT-O	58.03	TOSYHBZ	47.44	DHXH	67.11
TOF	58.74	OOEYHAZ	57.71	XHR（XX）	59.9
TOFNTT（O）	50.39	TONSES	60.13	LJDLJ	67.46
TOOTSFT	56.66	TFTSOF☆T	34.51	XFF	63.95
OSF	61.26	TNEYX	51.81	TOFTJ	62.97
OTO（DFT）	46.73	TSNCF	58.82	TOOS	58.67%
BSNFFOF	59.50	TOOYCS	58.40	FSOF	61.69%
FOT	44.44	OSNSFEAS	58.29	SNOO	67.58
OFTCFTJ	47.95	TTOFFB	61.25	showa	61.05
TFS-O	34.29	TOSES	51.63	ASOO	50.14
STNJOH	66.48	SOFOSZ	37.38	CQD	62.94
OTOYH	41.43	EEAOOT	47.09	GJOH	74.78
TFN-TSA	61.97	TTT（3）	46.66	HF	61.95
TTT（2）	64.24	GB	59.22	KFF	60.94
OTTTQBS	54.35	GH	64.8	LF	53.66
OSFSHZ	54.35	JQ	57.5	MTOH	57.45
FEFOOZ	59.99	SZON	60.77	MTTH	52.94
NNHFZ	71.16	ENT	53.57	QFT	65.23
TNOSXZ	72.01	FF	65.33	WCFH	54.65
OEOATFZ	56.06	TX	58.5	XJ	60.39
TOESOFS	51.64	XH	58.89	YOTF	63.61
OENFFAS	58.90	FST	59.67	YOJ	62.57

（续表）

样品名称	粗蛋白含量（%）	样品名称	粗蛋白含量（%）	样品名称	粗蛋白含量（%）
TTSFONS	55.53	FSE	74.02	ZY	64.58
TT（3）T	57.46	FFE	60.36	TTOO	56.78
TTODS	54.55	SET	54.81	TTOT	55
FNFOTZ	37.63	ETOO	52.14	THT	66.03
NTASOTS	53.71	ESSS	53.49	YXTH	63.78
TTE-OD	52.89	EB	57.83	YYOH	68.07
OEFYFS	42.72	NFR	44.43	JHJ（H）	63.13

注：单蛹重 $\bar{x}\pm s$，$n=50$；其他指标 $\bar{x}$，$n=3$

按照单蛹体重将 102 个样品分为 17 个区间，对各区间的样品数量进行频数分析，结果如图 1-3 所示，供试样品在 44.43%~74.78%之间基本趋于正态分布，其中有 27 个品种的粗蛋白含量集中在 58%~67%（占总体 26.47%），超过 60%的品种有 26 个（占总体 25.49%）。

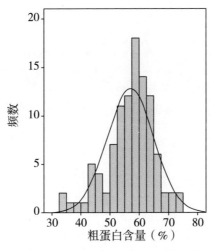

图 1-3　102 个品种基于粗蛋白含量的频数分布

三、不同品种蚕蛹蛋白氨基酸组成的比较

分析 100 个不同品种蚕蛹的氨基酸，结果如表 1-3 所示。结果表明：蚕蛹品种对氨基酸的组成和比例具有不同程度的影响，其中 Asp 和 Glu 的比例最高，Cys 的比例最低。

表1-3 不同品种蚕蛹蛋白水解氨基酸组成

（单位：%）

品种	Asp	Thr	Ser	Glu	Gly	Ala	Cys	Val	Met	Ile	Leu	Tyr	Phe	Lys	His	Arg	Pro
GH	9.96	4.44	4.96	14.14	4.87	5.01	0.88	5.55	6.04	4.15	6.84	6.64	4.98	7.44	4.45	5.41	4.23
GB	9.97	4.47	4.94	13.79	5.16	4.93	0.90	5.47	6.17	4.15	6.82	6.41	4.88	7.43	4.94	5.28	4.28
JQ	9.94	4.52	4.93	13.82	5.27	5.00	1.05	5.53	6.09	4.12	6.79	6.62	4.77	7.17	4.57	5.33	4.51
TX	10.00	4.50	4.92	13.67	4.99	5.32	0.89	5.47	5.84	4.19	6.86	6.49	4.83	7.33	4.81	5.38	4.51
XH（1）	9.76	4.35	4.98	13.71	5.17	5.48	0.95	5.46	6.00	4.21	6.89	6.64	4.68	7.38	4.63	5.26	4.42
S009	9.40	4.37	4.87	13.30	5.39	5.43	1.00	5.60	6.62	4.08	6.80	6.90	4.55	7.18	4.74	5.38	4.40
ENT	9.79	4.58	5.25	13.96	5.27	5.38	1.14	5.33	5.58	4.10	6.74	6.27	4.76	7.32	4.63	5.28	4.63
FF	10.12	4.56	4.95	13.91	4.89	5.07	0.78	5.40	5.98	4.09	6.81	6.39	5.02	7.27	4.74	5.37	4.65
XH（2）	9.63	4.41	5.24	13.76	5.29	5.45	0.93	5.79	4.82	4.21	7.04	7.27	4.65	7.40	4.18	5.45	4.49
XFF	9.72	4.58	5.12	13.59	4.86	5.34	0.66	5.50	6.41	4.12	6.78	6.52	4.75	7.25	4.80	5.30	4.70
SET	9.61	4.43	5.27	14.27	5.15	5.18	0.95	5.46	5.04	3.99	6.82	6.69	4.52	7.40	4.87	5.34	5.01
DLJ	9.69	4.77	0.00	14.29	5.17	4.62	1.03	5.86	6.64	4.40	7.40	7.01	5.27	8.07	5.06	5.83	4.88
FFE	8.30	4.76	0.00	12.86	6.88	4.69	1.32	6.61	5.46	4.56	7.83	8.46	5.01	7.87	4.52	6.12	4.75
XSE	8.64	4.07	0.00	10.21	6.69	5.65	1.09	6.56	6.64	4.58	7.61	8.13	4.84	7.77	6.02	5.88	5.61
YYB	10.42	4.36	0.00	13.81	5.88	5.24	0.90	6.01	5.03	4.63	7.44	7.14	5.07	8.00	5.10	5.74	5.22
Kinshu	9.48	4.20	4.56	13.00	5.72	5.17	1.06	5.81	5.82	4.25	6.94	6.99	4.66	7.31	4.74	5.44	4.84
NFZS	9.70	4.39	4.95	13.94	5.21	5.23	0.93	5.64	5.83	4.13	6.87	6.71	4.83	7.22	4.62	5.35	4.43
ETOO	9.01	4.22	4.81	12.87	6.28	5.95	1.18	5.83	5.46	4.19	6.90	7.19	4.40	6.84	4.67	5.34	4.85
ZY	9.64	4.34	5.24	13.58	5.86	5.27	1.03	5.56	5.62	4.14	6.80	6.43	4.68	7.21	4.71	5.46	4.44
ESSS	10.17	4.35	5.06	13.70	5.45	4.85	0.95	5.51	5.45	4.13	6.85	6.67	4.98	7.41	4.40	5.43	4.62
FSE	9.13	4.23	4.94	13.03	5.95	6.32	0.93	5.81	4.80	4.22	6.84	7.45	4.44	6.96	4.78	5.27	4.88

（续表）

品种	Asp	Thr	Ser	Glu	Gly	Ala	Cys	Val	Met	Ile	Leu	Tyr	Phe	Lys	His	Arg	Pro
NFR	8.97	4.25	4.95	12.61	6.78	6.13	1.28	5.82	4.97	4.18	6.87	7.14	4.40	6.74	4.99	5.34	4.59
XHR（XX）	8.41	4.08	5.05	13.28	6.75	6.31	1.31	5.75	5.27	4.13	6.72	7.26	4.10	6.69	4.87	5.13	4.90
EB	8.93	4.18	4.85	13.27	5.97	6.45	1.09	5.72	5.05	4.14	6.94	7.42	4.25	6.70	4.65	5.24	5.15
FST	9.35	4.41	4.87	13.33	5.61	5.83	1.09	5.71	4.88	4.28	6.90	6.98	4.68	7.05	4.61	5.34	5.08
HF	9.43	4.32	4.85	13.61	5.78	5.36	0.88	5.72	5.57	4.17	6.76	6.68	4.79	7.48	4.85	5.35	4.40
GJOH	9.36	4.28	4.79	13.27	5.68	5.59	0.88	5.80	5.69	4.26	6.89	7.08	4.66	7.19	4.57	5.29	4.71
YXTH	9.98	4.53	4.84	13.72	5.29	5.19	0.94	5.77	4.66	4.33	6.98	6.35	4.87	7.48	4.86	5.43	4.79
MTTH	8.58	4.06	4.72	13.21	7.53	6.20	1.42	5.91	4.65	4.26	6.86	7.38	4.02	6.42	4.68	5.31	4.81
LF	8.88	4.13	4.92	13.36	6.28	5.94	1.30	5.72	5.01	4.16	7.06	7.44	4.24	6.82	4.56	5.36	4.81
JHJ（H）	9.62	4.39	5.14	13.99	5.19	5.04	0.97	5.63	5.10	4.10	6.95	7.29	4.72	7.53	4.22	5.54	4.58
YYOH	9.21	4.29	5.03	14.05	5.69	5.40	1.03	5.77	5.04	4.21	7.00	7.26	4.45	7.20	4.34	5.47	4.57
ZY	10.07	4.40	4.78	14.08	4.76	4.64	1.03	5.33	5.76	4.08	6.89	6.67	4.81	7.77	4.86	5.65	4.42
WCFH	9.86	4.38	4.82	13.96	5.20	5.06	1.11	5.61	5.10	4.23	7.14	6.75	4.81	7.56	4.34	5.63	4.46
MTOH	9.25	4.26	5.03	13.93	5.58	5.36	1.15	5.71	4.86	4.21	6.99	7.28	4.63	7.43	4.29	5.46	4.58
Showa	9.81	4.39	4.65	14.00	4.82	4.64	1.05	5.58	5.40	4.30	7.07	7.03	5.01	7.96	4.24	5.63	4.41
TOFTJ	9.40	4.23	4.79	12.88	6.23	5.32	1.42	5.64	4.94	4.20	7.06	7.31	4.64	7.22	4.75	5.59	4.39
YOJ	9.86	4.30	5.27	14.07	5.86	4.98	1.05	5.39	5.01	4.06	6.74	6.79	4.91	7.35	4.49	5.45	4.42
QFT	9.51	4.27	4.79	12.95	5.75	5.18	1.17	5.86	5.18	4.31	7.15	7.02	4.67	7.30	4.71	5.70	4.48
CQD	9.51	4.27	4.79	12.95	5.75	5.18	1.17	5.86	5.18	4.31	7.15	7.02	4.67	7.30	4.71	5.70	4.48
SNOO	10.13	4.42	4.71	13.77	4.68	4.70	1.15	5.76	4.92	4.34	7.21	6.78	5.15	7.85	4.41	5.67	4.36

（续表）

品种	Asp	Thr	Ser	Glu	Gly	Ala	Cys	Val	Met	Ile	Leu	Tyr	Phe	Lys	His	Arg	Pro
THT	8.59	4.20	5.01	12.86	7.21	6.24	1.54	5.75	4.95	4.13	6.76	7.02	4.17	6.54	4.90	5.34	4.78
FSOF	9.72	4.57	5.12	13.76	5.39	5.03	1.13	5.66	5.28	4.22	6.80	6.47	4.84	7.32	4.69	5.34	4.66
TOOS	9.62	4.47	5.09	13.92	5.24	5.46	1.03	5.63	5.10	4.18	6.84	6.71	4.83	7.28	4.75	5.43	4.41
XJ	8.77	4.18	5.00	13.35	7.49	6.27	1.55	5.81	4.36	4.19	6.89	7.52	4.11	6.47	4.13	5.30	4.62
TTOT	9.56	4.54	5.02	13.70	5.21	5.53	1.13	5.62	4.90	4.20	6.95	6.67	4.86	7.39	4.81	5.49	4.40
YOTF	9.78	4.52	5.05	13.89	4.97	5.25	1.03	5.44	5.18	4.13	6.79	6.75	4.82	7.32	4.88	5.35	4.85
TTOO	9.54	4.44	4.79	13.95	5.64	5.55	1.04	5.76	4.48	4.32	7.03	7.08	4.66	7.62	4.39	5.37	4.36
ASOO	9.51	4.34	4.90	13.44	5.42	5.48	1.04	5.47	6.21	4.00	6.76	6.89	4.74	7.13	4.89	5.35	4.43
KFF	9.31	4.35	4.94	13.27	6.18	5.81	0.97	5.60	4.78	4.15	6.72	7.14	4.63	7.18	4.99	5.06	4.91
OESFFZ	10.22	4.70	5.25	11.92	5.36	5.43	1.07	5.77	4.41	3.77	6.82	6.94	5.23	8.00	4.85	5.72	4.52
TSE	9.98	4.66	5.23	11.81	5.52	5.45	0.94	5.86	4.32	3.87	6.87	6.98	5.26	8.09	5.07	5.73	4.34
ONFTOT	9.99	4.72	5.14	12.48	6.38	5.33	0.96	5.54	3.41	3.87	6.67	6.03	4.97	8.35	5.65	5.59	4.92
TOFNTT（T）	10.40	4.69	5.00	12.19	5.93	5.15	0.99	6.09	3.90	4.07	6.95	6.38	5.07	8.27	4.67	5.87	4.38
TTSHT	10.45	4.79	5.04	12.30	5.16	5.28	1.05	5.69	4.14	4.05	7.05	6.93	5.44	8.20	4.85	5.85	3.73
TFT-O	7.99	5.73	9.85	12.26	4.93	5.14	1.06	5.50	4.32	3.83	6.91	6.78	5.47	8.10	4.99	5.69	1.45
TOF	10.18	4.62	4.75	12.36	5.65	5.28	0.90	5.98	3.93	4.17	6.96	6.38	5.19	8.37	5.10	5.84	4.35
TOFNTT（O）	9.81	4.51	4.81	12.04	5.71	5.40	0.72	6.01	3.81	4.12	6.91	6.84	5.11	7.88	5.19	5.76	5.35
TOOTSFF	10.06	4.70	5.23	12.32	5.26	5.40	1.06	5.87	4.07	3.92	6.93	6.74	5.36	8.17	5.09	5.78	4.05
OSF	9.85	4.61	5.05	12.06	5.73	5.41	1.00	5.72	3.84	3.90	6.74	6.78	5.38	8.09	4.93	5.39	5.52
OTO（DFF）	9.49	4.63	5.20	12.04	5.28	5.25	1.26	5.88	3.61	3.70	6.69	6.99	5.92	8.36	4.93	5.17	5.59

（续表）

品种	Asp	Thr	Ser	Glu	Gly	Ala	Cys	Val	Met	Ile	Leu	Tyr	Phe	Lys	His	Arg	Pro
BSNFFOF	7.96	4.80	5.37	12.07	7.30	6.66	1.40	6.48	3.60	3.92	6.99	7.66	4.82	7.46	5.05	5.42	3.05
FOT	9.77	4.58	5.20	11.71	5.51	5.33	1.16	6.07	3.83	3.89	6.82	6.71	5.40	8.22	4.91	5.55	5.34
OFTCFTJ	9.21	4.57	4.98	11.38	5.24	5.39	1.30	5.98	4.08	3.86	6.85	7.22	5.60	8.20	5.18	5.36	5.61
TFS-O	9.84	4.77	5.15	12.40	4.98	5.24	1.02	5.66	3.78	3.85	6.74	6.86	5.38	8.06	5.25	5.73	5.27
STNJOH	8.24	5.84	5.75	12.50	5.60	5.48	1.17	5.86	4.00	4.05	7.27	7.08	5.61	8.54	5.07	5.79	2.13
OTOYH	7.95	5.78	5.65	12.56	5.60	5.51	0.97	6.13	4.05	4.18	7.19	7.30	5.54	8.28	5.29	5.72	2.31
TFN-TSA	9.51	4.78	4.69	11.95	4.90	5.39	1.16	5.49	4.30	3.82	6.91	7.13	5.61	8.34	4.73	5.57	5.71
TTT	9.65	4.73	5.22	11.83	4.95	5.43	1.05	5.59	4.21	3.78	6.85	6.84	5.52	8.40	4.97	5.54	5.44
OTTTQBS	9.21	4.66	5.09	11.58	5.44	5.40	1.15	5.81	4.07	3.94	6.92	6.86	5.55	8.21	5.05	5.55	5.52
OSFSHZ	9.34	5.02	5.46	12.30	5.64	5.71	1.30	5.69	4.15	3.90	6.91	6.94	5.54	8.20	4.69	5.58	3.63
FEFOOZ	9.19	4.47	4.06	11.55	6.08	5.95	1.23	6.05	4.14	3.87	6.86	7.75	5.00	7.69	4.84	5.54	5.74
NNHFZ	9.29	4.43	7.39	11.26	4.84	5.07	1.13	6.08	4.14	3.77	6.66	6.78	5.58	7.97	4.66	5.27	5.68
TNOSXZ	9.76	4.59	4.89	11.86	4.92	5.23	1.17	6.18	4.17	3.91	6.86	6.75	5.53	8.14	4.91	5.46	5.69
OEOATFZ	9.62	5.07	4.84	12.00	4.87	5.29	1.17	5.50	4.22	3.77	6.79	7.11	5.62	8.23	4.67	5.37	5.86
TOESOFS	10.01	4.75	3.30	11.90	5.86	5.18	1.15	6.25	4.12	4.09	6.98	6.58	5.37	8.40	4.78	5.62	5.64
OENFFAS	9.57	5.64	4.09	11.78	5.44	5.21	1.24	5.93	4.32	3.87	6.70	6.38	5.32	8.01	5.11	5.46	5.93
TTSFONS	10.08	4.84	4.53	12.15	5.16	5.24	1.18	5.71	4.18	3.94	6.85	6.74	5.55	7.93	4.52	5.57	5.84
TTT-2	9.77	6.34	4.10	11.70	5.11	5.28	1.11	5.66	4.42	3.86	6.67	6.54	5.50	7.94	4.87	5.33	5.79
TTODS	9.12	8.56	4.56	11.33	4.79	4.96	1.04	5.80	4.14	3.75	6.51	6.69	5.32	7.88	4.73	5.19	5.64
FNFOTS	9.19	5.61	8.16	11.60	5.28	4.85	1.10	5.45	3.76	3.62	6.36	6.22	5.23	7.74	4.91	5.02	5.90

（续表）

品种	Asp	Thr	Ser	Glu	Gly	Ala	Cys	Val	Met	Ile	Leu	Tyr	Phe	Lys	His	Arg	Pro
NTASOTS	9.08	5.47	6.36	11.42	4.80	5.46	1.00	5.85	4.03	3.83	6.72	6.57	5.25	7.93	4.67	5.36	6.20
TTN-OD	10.16	4.72	4.46	12.29	5.22	4.92	1.34	6.26	4.04	3.93	6.88	6.60	5.48	8.06	5.04	5.80	4.81
OEFYFS	10.02	4.52	4.43	12.12	5.17	5.32	1.16	6.05	4.27	3.94	6.96	7.36	5.12	7.74	4.96	6.05	4.82
OFFTOFS	10.12	4.69	4.45	11.81	4.72	5.03	1.22	5.95	4.02	3.83	6.86	6.59	5.47	8.21	5.58	6.49	4.94
OSTNFZS	8.72	4.29	4.42	11.56	6.81	6.31	1.50	6.64	3.04	3.87	6.82	7.37	4.88	7.44	5.54	5.42	5.37
OOTYTOD	10.17	4.66	4.58	12.36	5.12	5.13	1.17	5.85	3.61	3.91	6.89	6.69	5.51	8.08	5.44	5.65	5.18
MTTHS	10.19	4.66	4.49	12.11	5.08	4.95	1.22	6.27	3.78	3.99	6.98	6.57	5.23	8.22	5.11	6.18	4.98
OSSSFSTS	9.44	4.49	4.54	11.85	5.08	5.80	1.03	6.23	3.47	3.90	7.01	7.98	5.03	7.92	5.21	5.96	5.06
TOSYHBZ	10.04	4.71	4.43	12.28	5.08	5.15	1.18	6.02	3.52	4.05	6.92	6.60	5.31	8.09	5.56	6.03	5.03
OOEYHAZ	10.47	4.76	4.57	12.17	4.76	5.07	1.15	5.91	4.05	3.97	7.01	6.86	5.57	7.97	4.72	5.65	5.34
TONSES	9.72	4.49	4.40	11.66	5.09	5.25	1.25	5.99	3.61	3.95	6.97	7.57	5.54	8.15	5.30	5.54	5.51
TFTSOFT	10.66	4.79	4.61	12.22	4.87	4.88	1.05	5.85	4.25	4.02	7.01	6.68	5.62	8.35	5.77	6.66	2.71
TNEYX	9.09	4.40	4.46	11.96	7.02	6.20	1.35	6.68	3.30	4.02	7.00	7.36	4.69	7.37	5.65	6.47	2.98
TSNCF	10.07	4.70	4.67	11.76	5.50	5.29	1.17	6.18	3.75	4.06	7.17	7.48	5.57	8.11	5.38	5.76	3.37
TOOYCS	10.36	4.82	4.64	12.30	5.11	4.85	1.15	5.92	3.99	4.09	7.04	6.91	5.72	8.18	5.45	6.21	3.26
OSNSFEAS	10.21	4.81	4.62	12.43	4.93	5.00	1.35	6.25	4.03	4.06	7.08	6.56	5.57	8.28	5.65	5.81	3.34
TTOFFB	10.57	4.81	4.68	12.09	5.25	5.16	1.19	6.08	3.98	4.12	7.14	6.59	5.65	8.20	5.29	5.86	3.33
TOSES	10.41	4.88	4.66	12.01	4.89	5.11	1.24	5.87	4.39	4.01	7.10	7.01	5.67	8.44	5.13	5.78	3.39
SOFOSZ	10.21	4.74	4.69	12.53	5.21	5.14	1.12	5.87	3.55	4.02	7.06	6.90	5.64	8.24	5.54	5.61	3.97

分析了氨基酸中必需氨基酸的比例，结果如图 1-4 所示。结果表明：蚕蛹品种对氨基酸中必需氨基酸的比例具有不同程度的影响。其中必需氨基酸与总氨基酸的比值大于 0.7 的品种有 6 个，包括 FNFOTS、FFE、XSE、YYB、OTOYH 和 TFN-TSA 等，小于 0.6 的品种有 8 个，包括 XHR（XX）、EB、FST、LF、JHJ（H）、FSOF、TTOT、OOTYTOD 等。结合蛋白含量，最终确定 TFN-TSA 作为最佳筛选品种。

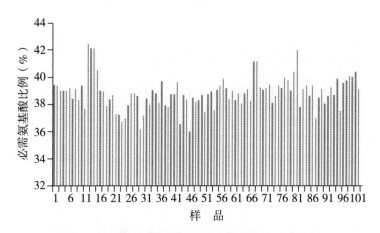

图 1-4　品种对蚕蛹氨基酸中必需氨基酸比例的影响

按照氨基酸组成中必需氨基酸比例，将 100 个样品分为 14 个区间，对各区间的样品数量进行频数分析，结果如图 1-5 所示，供试样品在 36.00%~42.00% 之间基本趋于正态分布，其中有 33 个品种的必需氨基酸含量集中在 39.00%~40.54%（占总体 33.00%），超过 41% 的高必需氨基酸含量品种有 6 个（占总体 6.00%）。

分析了氨基酸中呈味氨基酸（呈鲜、甜味的氨基酸，如谷氨酸、天门冬氨酸、丝氨酸、苏氨酸、甘氨酸和丙氨酸）的比例，结果如图 1-6 所示。结果表明：蚕蛹品种对氨基酸中呈味氨基酸的比例具有不同程度的影响。氨基酸中呈味氨基酸的比例变幅较大，在 35.26%~45.91% 之间，呈味氨基酸的比例最高和最低的品种差异达 30.20%，最高的品种为"TOF"，最低的品种为"GH"。

按照氨基酸组成中呈味氨基酸比例，将 100 个样品分为 15 个区间，对各区间的样品数量进行频数分析，结果如图 1-7 所示，供试样品在 37.50%~47.50% 之间基本趋于正态分布，其中有 58 个品种的呈味氨基酸含量集中在 42.0%~43.92%（占总体 58.00%），超过 44% 的高呈味氨基酸含量品种

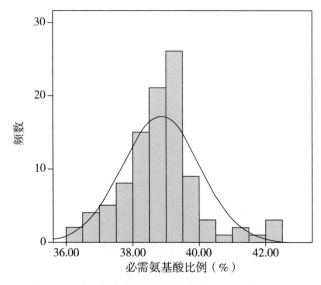

图 1-5　100 个品种基于必需氨基酸含量的频数分布

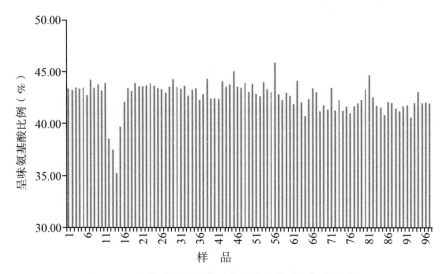

图 1-6　品种对蚕蛹氨基酸中呈味氨基酸比例的影响

有 9 个（占总体 9.00%）。

四、不同品种蚕蛹氨基酸评分的比较

参照 FAO/WHO 推荐的理想模式，必需氨基酸的均衡度由每个蚕蛹品种必需氨基酸评分的平均值和方差来评价。由图 1-8 氨基酸评分的均衡度

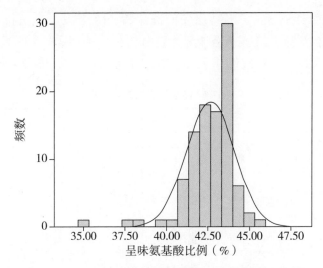

图 1-7　100 个品种基于呈味氨基酸含量的频数分布图

结果可以看出，品种对氨基酸评分影响较大，但对同一样品不同氨基酸评分的平均值影响不大；方差的大小是衡量氨基酸均衡度的重要因素。图 1-8 结果表明：品种对蚕蛹的氨基酸均衡度具有不同程度的影响，其中"TTOT"的氨基酸均衡度最好，可以用来开发全营养蛋白粉。

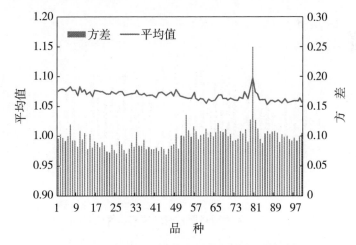

图 1-8　品种对蚕蛹氨基酸中必需氨基酸均衡度的影响

五、不同品种蚕蛹即食感官特性的比较

对 50 个家蚕品种的鲜蛹进行了感官评定。程序为：不同品种鲜蛹清洗

干净，清水煮沸 15 min，不添加任何调味料，10 个以上人员进行品尝，以色泽、外观、气味、口感、滋味等为打分指标（表 1-4），对不同品种即食蚕蛹进行感官评定，最终结果乘 2（总分值为 100 分），即最后得分。

表 1-4　感官评定方法及指标

色泽	外观	气味	口感	滋味
黄色或淡黄褐色，有光泽（8～10分）	形状完整饱满、无破损、无汁液流出（8~10分）	蚕蛹特有的气味，无其他异味（8~10分）	外皮脆嫩，肉质爽滑（8~10分）	鲜甜，无杂味（8~10分）
呈黄褐色，带有黑点，光泽度一般（4~7分）	有少量变形不饱满，有少量汁液流出（4~7分）	有蚕蛹所味，同时有点异味（4~7分）	外皮略硬，肉质较嫩（4~7分）	鲜甜，略带涩味（4~7分）
带有黑褐色，无光泽（2~4分）	有大量破损和汁液流出（2~4分）	有较明显的不愉悦气味（2~4分）	外皮发硬，肉质略干（2~4分）	有涩味（2～4分）

通过感官评定，筛选出口感好、风味佳的即食加工蚕品种资源 4 个（NFR、Kinshu、CQD、TTOT），对其蛋白含量、氨基酸组成及风味物质进行测定，结合品种健康性和产量，进一步筛选出即食蚕蛹加工最适品种为 "Kinshu"（图 1-9）。

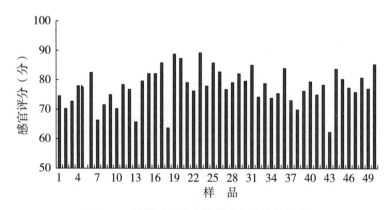

图 1-9　品种对对即食蚕蛹感官特性的影响

六、不同品种蚕蛹油脂含量及组成的比较

（一）品种对蚕蛹粗脂肪含量的影响

选取了 93 个品种进行蚕蛹粗脂肪含量的测定，结果见表 1-5。由表

1-5可以看出，不同品种间蚕蛹粗脂肪含量差异显著，所测的蚕蛹中粗脂肪含量最高的是属于日系二化白茧的"SS"，达到36.28%，含量最低的是属于日系二化白茧的"KSHJ"，仅为19.10%。

表1-5 广东地区蚕蛹粗脂肪含量表 （单位:%）

编号	品种名称	蚕蛹类型	粗脂肪含量（%）
1	FR（J）	中系二化白茧	25.33±0.12
2	showa	中系二化白茧	29.37±1.13
3	NTW	中系二化白茧	21.87±0.23
4	CF	中系二化白茧	24.17±1.01
5	LR	中系二化白茧	24.00±.021
6	YFT	中系二化白茧	19.50±0.19
7	FTS	中系二化白茧	20.43±0.61
8	FT	中系二化白茧	21.63±1.23
9	YF	中系二化白茧	24.70±0.31
10	TOO	中系二化白茧	22.80±0.65
11	FR（X）	中系二化白茧	26.60±0.42
12	SOTB	中系二化白茧	28.30±0.01
13	HF	中系二化白茧	22.80±0.56
14	TZFT	中系二化白茧	29.30±0.79
15	SZTH	中系二化白茧	28.40±0.44
16	QFTJ	中系二化白茧	23.90±0.89
17	BTNTT	中系二化白茧	27.40±0.19
18	EF3	中系二化白茧	26.60±0.18
19	KTS	中系二化白茧	23.40±0.52
20	FSZF	中系二化白茧	26.20±0.29
21	ZG	中系二化白茧	24.40±0.74
22	CFO	中系二化白茧	24.70±1.04
23	NTT（G）	中系二化白茧	20.80±1.07
24	FR（C）	中系二化白茧	22.40±0.07
25	HYOFH	中系二化白茧	20.20±1.43
26	NTT（O）	中系二化白茧	19.50±1.47
27	TSFT	中系二化白茧	20.20±1.15
28	YOX	中系二化白茧	23.30±1.20
29	CFTJ	中系二化白茧	27.20±0.17
30	ZY	中系二化白茧	24.70±2.06
31	TOOFJ	中系二化白茧	27.20±0.08

编号	品种名称	蚕蛹类型	粗脂肪含量（%）
32	YHB	中系二化白茧	25.30±0.37
33	YHA	中系二化白茧	25.10±0.45
34	CFOJ	中系二化白茧	25.00±0.10
35	TZFO	中系二化白茧	23.50±0.02
36	TZFS	中系二化白茧	23.20±0.78
37	TOOF	中系二化白茧	25.50±0.82
38	SF	中系二化白茧	23.10±0.84
39	HF	中系二化白茧	23.50±0.48
40	KF	中系二化白茧	28.27±0.48
41	JK	中系二化白茧	28.53±1.16
42	NTWS	中系二化白茧	22.70±1.09
43	JH	中系二化白茧	30.83±0.97
44	ZY	日系二化白茧	30.37±0.02
45	SET	日系二化白茧	24.10±0.76
46	XZ	日系二化白茧	29.57±1.09
47	EXB	日系二化白茧	25.27±0.87
48	ZX	日系二化白茧	28.80±1.20
49	X	日系二化白茧	31.40±1.02
50	SFST	日系二化白茧	25.60±1.23
51	FFAB	日系二化白茧	29.90±2.01
52	KTSE	日系二化白茧	24.20±1.98
53	TQA	日系二化白茧	23.90±1.23
54	SFEB	日系二化白茧	28.20±1.29
55	YO	日系二化白茧	23.60±0.41
56	RX	日系二化白茧	24.00±1.05
57	HYSH	日系二化白茧	25.40±1.45
58	XH（S）	日系二化白茧	25.10±1.28
59	YS	日系二化白茧	28.87±1.78
60	XH（J）	日系二化白茧	26.80±0.23
61	ZX（BY）	日系二化白茧	27.40±0.45
62	XR	日系二化白茧	26.50±0.28
63	ZA（D）	日系二化白茧	26.40±.095
64	KFC	日系二化白茧	21.00±1.35
65	XS	日系二化白茧	23.40±0.57
66	SFTT	日系二化白茧	25.30±1.28

（续表）

编号	品种名称	蚕蛹类型	粗脂肪含量（%）
67	FFE	日系二化白茧	28.40±0.28
68	XAX	日系二化白茧	28.80±0.35
69	QFT	日系二化白茧	25.10±0.20
70	KSHJ	日系二化白茧	19.10±1.02◆
71	YYB	日系二化白茧	25.40±1.45
72	TOOF	日系二化白茧	24.70±0.29
73	XFF	日系二化白茧	24.30±0.19
74	ZY	日系二化白茧	29.00±0.45
75	YST	日系二化白茧	34.90±0.67
76	D	日系二化白茧	36.10±0.89
77	ZS	日系二化白茧	29.00±0.12
78	ZSX	日系二化白茧	24.60±0.67
79	SS	日系二化白茧	36.28±1.02★
80	THO	中系二化黄茧	31.16±0.34
81	THT	中系二化黄茧	31.89±0.45
82	TY	中系二化黄茧	30.86±2.04
83	XHX	日系二化黄茧	31.60±2.22
84	ZHC	日系二化黄茧	23.90±1.08
85	ZHA	日系二化黄茧	30.50±1.04
86	YF	日系二化黄茧	22.20±2.04
87	YT	日系二化黄茧	23.80±1.04
88	XRH	日系二化黄茧	28.20±0.28
89	XHA	日系二化黄茧	30.50±0.45
90	YT	日系二化黄茧	22.90±0.25
91	JMW	多化黄茧	30.09±0.46
92	SZON	多化黄茧	30.16±2.10
93	HB	多化黄茧	27.49±1.20

★表示蚕蛹粗脂肪含量最高，◆表示含量最低

　　93 个蚕蛹品种粗脂肪分析结果表明，品种对蚕蛹粗脂肪含量影响显著，其中 78 个品种的粗脂肪含量分布在 21.0%～31.0%（图 1-10），占所测定总量的 80%之多，只有 7 个品种蚕蛹粗脂肪含量超过 31.0%，有 8 个品种的粗脂肪含量低于 21.0%，对广东蚕资源进行大规模的蚕蛹粗脂肪含量测定不仅有利于筛选出粗脂肪含量特别高的品种用于食用和保健食品的产业化开发，而且对于选育蚕资源品种、构建蚕茧的育种技术体系也有较大的

参考价值。

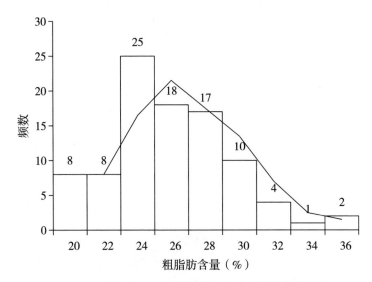

图 1-10　广东地区 93 种蚕蛹的粗脂肪含量分布直方图

（二）蚕蛹脂肪酸组成分析结果

对 93 个品种进行了蚕蛹脂肪酸组分的测定，采用色谱分析法中的归一化法计算色谱峰面积得出各组分的相对含量，各色谱峰相应的质谱图检索采用 NIST 标准图谱库进行检索，并逐个解析各波峰相应的质谱图，定性定量，结果见表 1-6 至表 1-10。

共鉴定出 10 种脂肪酸。其中所有蚕蛹都含有 6 种脂肪酸，分别为软脂酸、硬脂酸、棕榈油酸、油酸、亚油酸、亚麻酸。一部分蚕蛹还含有十二烷酸、十五烷酸、十七烷酸、十九烷酸。棕榈油酸的含量约 1% 左右。其中部分蚕蛹含有的其余 4 种脂肪酸（十二烷酸、十五烷酸、十七烷酸、十九烷酸），在蚕蛹油中的含量均低于 1%。

表 1-6　中系二化白茧脂肪酸组成及含量　（单位：%）

品种名	C12:0	C15:0	C16:0	C16:1	C17:0	C18:0	C18:1 (n-9)	C18:2 (n-6)	C18:3 (n-3)	C19:0
FR（J）	—	—	25.40	0.79	—	5.17	31.47	5.27	31.84	—
Showa	—	—	25.33	0.59	—	6.74	32.68	4.90	29.77	—
NTW	—	—	23.21	0.56	—	8.71	33.25	4.77	29.49	—
CF	—	—	25.89	0.73	—	4.76	34.04*	4.52	30.06	—

（续表）

品种名	C12：0	C15：0	C16：0	C16：1	C17：0	C18：0	C18：1 (n-9)	C18：2 (n-6)	C18：3 (n-3)	C19：0
LR	—	—	24.86	0.51	—	7.83	31.31	4.89	30.60	—
NTWS	0.096	0.04	24.32	0.76	0.12	8.30	33.14	4.84	28.38	—
CFO	—	—	23.67	0.51	0.15	8.75	29.41	5.34	32.22	—
ZG	—	—	24.62	0.52	—	8.06	28.62	5.46	32.65	—
TZFO	0.05	0.029	25.27	0.72	0.12	8.77	33.59	4.57	26.89	0.09
EF3	0.091	—	25.88	0.70	0.14	5.99	29.34	5.54	32.40	—
YOX	—	—	24.25	—	—	8.23	29.77	5.00	32.74	—
HF	—	—	26.24	0.60	—	7.34	27.25	5.23	33.35	—
CFTJ	—	—	24.69	0.59	—	9.38	33.11	4.66	27.56	—
KTS	0.082	—	24.03	0.52	0.12	7.45	28.39	5.73	33.68	—
HYOFH	0.094	—	25.11	0.65	0.15	7.44	30.76	5.68	30.04	0.11
FSZF	0.045	0.045	24.83	0.68	0.15	6.93	28.65	6.08	32.57	0.06
TZFS	0.061	0.038	25.19	0.60	0.15	8.48	31.52	5.15	28.82	0.075
FR（C）	0.075	—	25.69	0.86	0.12	8.58	31.75	5.21	27.70	—
NTT（G）	—	—	22.98	0.56	—	7.73	31.69	5.01	32.03	—
NTT（O）	0.13	—	24.67	0.67	0.089	7.32	31.63	5.05	30.43	—
BTNTT	—	—	23.48	0.92	—	3.22	31.54	5.42	35.43★	—
YHA	0.053	0.044	25.10	0.70	0.13	11.85	31.37	4.90	25.77	0.083
ZY	0.048	0.040	25.66	0.66	0.14	8.72	32.52	5.09	27.07	0.077
TSFT	—	—	24.22	0.49	—	6.91	30.54	5.77	32.06	—
YHB	—	—	24.61	0.41	—	7.20	28.00	5.19	34.58	—
CFOJ	—	—	24.84	0.48	—	7.95	28.94	5.30	32.49	—
SF	—	—	22.24♦	0.61	0.15	7.39	31.51	6.16★	32.04	—
TOOFJ	—	—	25.80	0.50	0.13	9.40	33.06	4.90	26.21	0.066
HF	—	—	24.49	0.58	—	7.32	30.31	5.68	31.62	—
SZTB	0.051	—	24.91	0.54	0.14	10.36	33.32	5.07	25.52	—
FTS	—	—	24.49	0.58	—	7.32	30.31	5.68	31.62	—
TOFT	0.057	—	24.81	0.78	0.12	7.06	32.82	5.07	29.29	—
YFT	0.068	—	25.14	0.63	0.12	9.65	33.81	5.32	25.26♦	—
FT	0.081	—	26.42	0.53	0.15	9.03	28.31	6.12	29.37	—
FR（X）	0.074	0.05	25.66	1.12	0.15	6.78	32.80	5.65	27.66	0.076
TOO	0.066	0.043	24.02	0.61	0.14	10.71	30.34	5.67	28.35	0.074
KF	—	—	28.08★	1.53	—	4.91	31.83	4.39	29.27	—
JH	—	—	27.36	0.92	—	7.26	32.76	3.09♦	27.62	—

（续表）

品种名	C12：0	C15：0	C16：0	C16：1	C17：0	C18：0	C18：1 (n-9)	C18：2 (n-6)	C18：3 (n-3)	C19：0
JK	—	—	26.07	1.12	0.091	6.42	33.53	4.25	28.51	0.052
YF	—	—	25.34	0.56	0.17	8.47	27.05◆	5.80	32.68	—
QFTJ	—	—	26.38	0.72	—	6.64	30.35	5.48	30.42	—
SZTH	—	—	24.63	0.59	—	8.82	33.00	4.95	28.01	—
TOOF	—	—	25.45	0.62	—	7.56	32.67	5.36	28.34	—

★表示蚕蛹粗脂肪含量最高，◆表示含量最低

由表1-6可以看出，在中系二化白茧中软脂酸含量最高的是"KF"，达到了28.08%，含量最低的是"SF"为22.24%；油酸含量最高的是"CF"，达到34.04%，含量最低的是"YF"，为27.05%；亚油酸含量最高的是"SF"，达到6.16%，含量最低的是"JF"，为3.09%；亚麻酸含量最高的是"BTNTT"，达到35.43%，含量最低的是"YFT"，为25.26%。

表1-7为日系二化白茧的脂肪酸组成及含量，软脂酸含量最高的是"SFEB"，达到了29.92%，含量最低的是"YO"为22.47%；油酸含量最高的是"ZS"，达到37.36%，含量最低的是"SFEB"，为25.93%；亚油酸含量最高的是"YO"，达到7.07%，含量最低的是"SS"，为3.25%；亚麻酸含量最高的是"ZX"，达到35.02%，含量最低的是"ZS"，为24.55%。

表1-7　日系二化白茧脂肪酸组成及含量　　　　　　（单位：%）

品种名	C12：0	C15：0	C16：0	C16：1	C17：0	C18：0	C18：1 (n-9)	C18：2 (n-6)	C18：3 (n-3)	C19：0
ZY	—	—	25.32	0.43	—	8.31	30.43	5.07	30.40	—
KSHJ	—	—	23.59	0.94	0.89	5.70	35.02	5.53	28.70	—
XH（S）	—	—	24.71	0.78	—	5.68	31.72	5.58	31.42	—
ZA（D）	0.053	0.046	26.32	0.61	0.14	10.06	32.00	4.87	25.75	0.082
SFTT	0.084	0.059	24.76	0.75	0.14	6.55	28.42	6.08	33.01	0.15
XR	0.065	0.060	26.31	0.71	0.14	6.14	28.27	5.88	32.35	0.079
ZY	0.040	0.042	26.43	0.70	0.15	6.85	29.53	5.53	30.74	0.090
YO	—	—	22.47◆	0.60	—	6.73	28.07	7.07★	35.05	—
XH（J）	0.063	—	25.31	0.65	—	6.51	31.13	5.57	30.70	—
ZX（BY）	0.046	—	25.78	0.73	0.14	6.28	30.13	6.03	30.89	—
QFT	0.051	—	25.07	0.84	0.12	8.72	33.10	4.97	27.13	—
2115 TOOF	0.070	0.043	25.20	0.68	0.14	8.33	32.77	5.22	27.46	0.089

（续表）

品种名	C12:0	C15:0	C16:0	C16:1	C17:0	C18:0	C18:1 (n-9)	C18:2 (n-6)	C18:3 (n-3)	C19:0
RX	0.065	—	24.41	0.70	0.11	7.34	36.57	4.83	25.98	0.082
TQA	0.049	0.045	25.17	0.73	0.12	7.48	32.86	5.33	28.14	0.077
YYB	0.053	0.044	26.29	0.53	0.13	9.02	28.26	5.48	30.22	0.071
HYSH	—	—	24.54	0.45	—	7.41	27.60	5.34	34.65	—
ZX	—	—	26.78	0.55	—	5.38	26.20	6.07	35.02★	—
FFAB	0.041	0.78	25.07	0.78	0.15	8.86	33.37	5.24	26.37	0.073
KTSE	0.057	0.048	24.99	0.81	0.15	7.59	32.33	5.92	28.04	0.095
EXB	0.052	0.048	26.48	0.65	0.15	9.39	30.65	5.42	27.09	0.072
XZ	0.041	0.050	26.79	0.91	0.13	6.09	29.68	5.57	30.74	0.091
X	0.067	0.071	26.68	1.26	0.17	5.60	30.51	6.67	28.43	0.11
SS	—	—	25.60	1.14	—	5.26	32.75	3.25◆	32.01	—
SFST	—	—	26.95	0.71	0.13	6.47	31.04	5.43	29.33	—
D	—	—	29.08	1.17	0.10	5.68	33.10	4.35	26.51	—
XS	0.059	0.048	25.08	0.90	0.13	6.80	34.58	5.42	26.21	0.83
SET	0.068	0.061	24.43	0.84	0.16	6.52	31.07	6.00	30.77	0.12
YS	0.043	0.057	25.18	0.60	0.14	6.21	28.98	5.68	33.12	0.087
FFE	—	—	25.27	0.46	—	7.79	27.68	5.28	33.52	—
XAX	—	—	24.34	0.41	0.13	7.90	28.41	5.64	33.17	—
XFF	—	—	24.16	0.54	—	5.65	26.44	6.19	37.02	—
SFEB	0.057	0.052	29.92★	0.39	0.12	8.15	25.93◆	5.84	30.36	0.089
KFC	0.043	0.056	25.37	0.61	0.18	10.06	31.00	4.86	27.75	0.072
ZSX	0.056	0.052	25.03	0.63	0.16	9.21	30.83	5.78	28.16	0.097
ZS	0.032	0.051	24.92	1.09	0.14	6.67	37.36★	5.09	24.55◆	0.095

★表示含量最高，◆表示含量最低

表1-8为中系二化黄茧的脂肪酸组成及含量，其中"THO"只含有6种脂肪酸，"TY"和"THT"的脂肪酸较全面，含有10种脂肪酸，这三种蚕蛹的脂肪酸含量较相似。

表1-8　中系二化黄茧脂肪酸组成及含量　　　　（单位：%）

品种名	C12:0	C15:0	C16:0	C16:1	C17:0	C18:0	C18:1 (n-9)	C18:2 (n-6)	C18:3 (n-3)	C19:0
TY	0.090	0.038	27.54	1.31	0.12	7.31	32.59	4.55	26.38	0.079
THT	0.072	0.033	28.30	1.24	0.12	7.74	31.39	4.35	26.69	0.069
THO	—	—	27.72	1.12	—	7.99	28.19	4.74	29.86	—

表 1-9 为日系二化黄茧的脂肪酸组成及含量，软脂酸含量最高的是"XHA"，达到了 29.15%，含量最低的是"YT"为 23.54%；油酸含量最高的是"ZHA"，达到 37.25%，含量最低的是"XRH"，为 24.60；亚油酸含量最高的是"YT"，达到 6.74%，含量最低的是"ZHA"，为 4.63%；亚麻酸含量最高的是"YT"，达到 35.55%，含量最低的是"XHX"，为 26.75%。

表 1-9　日系二化黄茧脂肪酸组成及含量　　　　　　　　　　（单位:%）

品种名	C12:0	C15:0	C16:0	C16:1	C17:0	C18:0	C18:1 (n-9)	C18:2 (n-6)	C18:3 (n-3)	C19:0
XRH	—	—	27.84	0.62	—	5.85	24.60♦	6.01	35.02	—
YT	—	—	23.54♦	0.47	—	6.91	26.77	6.74★	35.55★	—
YF	0.057	—	25.62	0.69	0.12	6.56	32.20	5.95	28.80	—
YT	—	—	24.06	0.69	—	6.62	32.07	6.09	30.37	—
XHA	0.35	0.064	29.15★	0.83	0.15	7.32	27.68	6.11	28.58	0.076
ZHC	0.042	0.054	25.73	0.79	0.18	5.96	29.96	6.25	30.97	0.083
XHX	0.034	0.058	28.42	0.87	0.15	9.29	28.49	5.82	26.75♦	0.10
ZHA	0.050	—	24.65	0.91	0.084	5.12	37.25★	4.63♦	27.34	—

★表示含量最高，◆表示含量最低

表 1-10 为多化黄茧的脂肪酸组成及含量，其各种脂肪酸组成及含量较相似。

表 1-10　多化黄茧脂肪酸组成及含量　　　　　　　　　　（单位:%）

品种名	C12:0	C15:0	C16:0	C16:1	C17:0	C18:0	C18:1 (n-9)	C18:2 (n-6)	C18:3 (n-3)	C19:0
HB	—	—	22.86	0.83	—	5.33	33.46	5.35	32.41	—
SZON	—	—	25.25	0.79	—	6.15	32.45	5.21	30.30	—
JMW	—	—	24.44	0.77	—	5.74	33.98	5.15	29.64	0.13

（三）主成分分析及评价模型建立

因子相关性分析。基于品种间单体脂肪酸组成和多不饱和脂肪酸（PUFA）差异较大的分析结果，进一步利用 SPSS19.0 软件对各因子间的相关系数进行计算分析。

由表 1-11 知，蚕蛹脂肪中唯一的 n-3 型脂肪酸 α-亚麻酸与 PUFA 相关系数高达 0.984，相关性最强，表明 α-亚麻酸是蚕蛹脂肪 PUFA 最主要的组成部分。n-9 型油酸作为蚕蛹油中重要的单体脂肪酸，与 α-亚麻酸和 PUFA 的相关系数分别为-0.738 和-0.703，表明蚕蛹脂肪中 n-9 型单不饱和脂肪酸与 n-3 型 α-亚麻酸、PUFA 呈显著的负相关。由油酸、亚油酸和 α-亚麻酸 3 种单体在机体中代谢转换关系来看（图 1-11），油酸经 Δ12 脱氢酶催化生成亚油酸后，进而在 ω-3 脱氢酶的作用下才能生成 α-亚麻酸，因此油酸与亚油酸和 α-亚麻酸是呈显著负相关的，表 1-11 的分析结果与此相吻合。由于上述各因子间存在不同程度的相关性，满足了主成分分析的基本条件，可进入下一步分析。

表 1-11　各因子相关系数

	C16 : 0	C16 : 1	C18 : 0	C18 : 1	C18 : 2	C18 : 3	PUFA
C16 : 0	1.000	0.360	-0.043	-0.206	-0.200	-0.297	-0.305
C16 : 1	0.360	1.000	-0.327	0.371	-0.284	-0.389	-0.407
C18 : 0	-0.043	-0.327	1.000	-0.037	-0.092	-0.451	-0.424
C18 : 1	-0.206	0.371	-0.037	1.000	-0.532	-0.703	-0.738
C18 : 2	-0.200	-0.284	-0.092	-0.532	1.000	0.431	0.581
C18 : 3	-0.297	-0.389	-0.451	-0.703	0.431	1.000	0.984
PUFA	-0.305	-0.407	-0.424	-0.738	0.581	0.984	1.000

注：C16 : 0，软脂酸；C16 : 1，棕榈油酸；C18 : 0，硬脂酸；C18 : 1，油酸；C18 : 2，亚油酸；C18 : 3，α-亚麻酸；PUFA，多不饱和脂肪酸

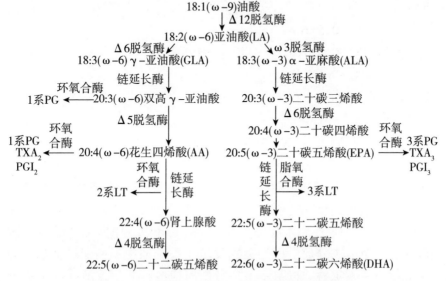

图 1-11　n-6 和 n-3 PUFAs 在生物体中的合成转化

利用 SPSS19.0 软件对蚕蛹脂肪营养品质相关的 7 个因子进行主成分分析，获得 7 个成分（表1-12）。

表1-12　主成分的特征值以及贡献率

成份	初始特征值		
	特征值	贡献率（%）	累积贡献率 %
1	3.383	48.322	48.322
2	1.462	20.893	69.215
3	1.173	16.764	85.979
4	0.649	9.267	95.245
5	0.330	4.721	99.966
6	0.002	0.027	99.992
7	0.001	0.008	100.000

提取方法：主成分分析法

由表1-12统计结果可知，第1、第2和第3个主成分对应的特征值及主成分得分的方差均>1，同时前3个主成分对应的特征值累计贡献率达到89.979%（>85%），提示选取这3个主成分就可以比较完整地反映各样品脂肪营养品质相关的信息量。利用因子载荷矩阵及对应特征值的平方根计算获得特征向量，建立3个主成分数学评价模型如下：

$$F_1 = -0.167ZX_1 - 0.287ZX_2 - 0.156ZX_3 - 0.427ZX_4 + 0.372ZX_5 + 0.511ZX_6 + 0.532ZX_7$$

$$F_2 = 0.362ZX_1 + 0.580ZX_2 - 0.698ZX_3 + 0.004ZX_4 - 0.073ZX_5 + 0.156ZX_6 + 0.127ZX_7$$

$$F_3 = 0.751ZX_1 - 0.0006ZX_2 + 0.336ZX_3 - 0.543ZX_4 + 0.108ZX_5 - 0.108ZX_6 - 0.075ZX_7$$

注：ZX_1 为软脂酸；ZX_2 为棕榈油酸；ZX_3 为硬脂酸；ZX_4 为油酸；ZX_5 为亚油酸；ZX_6 为 α-亚麻酸；ZX_7 为 PUFA。

由上述数学模型可知，第一主成分中亚油酸、α-亚麻酸和 PUFA 等 3 个与多不饱和脂肪酸相关的因子在方程中的载荷较大，第二主成分中棕榈油酸和硬脂酸 2 个因子载荷较大，第三个主成分中软脂酸和油酸 2 个因子载荷较大，三个主成分数学模型分别反映了蚕蛹油中不同变量信息，而且彼此之间信息并不重叠。以每个主成分所对应的特征值占所提取主成分总的特征值之和的比例作为权重计算主成分得分综合模型：

$$F_{综合} = 0.121ZX_1 - 0.018ZX_2 - 0.165ZX_3 - 0.296ZX_4 +$$
$$0.183ZX_5 + 0.261ZX_6 + 0.271ZX_7$$

计算 93 个品种主成分综合得分，结果显示 47 个品种得分>0，46 个品种得分<0，表明有 47 个品种营养价值高于平均水平，46 个品种营养价值低于平均水平。由 93 个品种中挑选出综合得分位居前 5 位和后 5 位的 10 个品种作为代表性品种，对应的脂肪酸组成和 PUFA 含量如表 1-13 所示。综合得分位列前 5 位的品种在脂肪酸组成方面具有共同特点，即 α-亚麻酸和PUFA 的含量较高而油酸含量较低，前 4 位品种 α-亚麻酸含量均超过 35%，其中品种 XIFF 含量高达 37.02%，而综合得分处于下游的 5 个品种与之相反，α-亚麻酸和 PUFA 的含量较低而油酸含量较高，末位品种 ZHES 的 α-亚麻酸和 PUFA 所占的比例仅为 24.55% 和 29.64%，但油酸比例高达 37.36%。本文利用主成分分析方法，将每个样品的 7 个观测值通过"降维"的方法，建立了可反映多个变量信息的数学模型，每个品种的综合得分与 α-亚麻酸、PUFA 的含量呈显著正相关，而与油酸含量呈负相关，较准确地反映了蚕蛹脂肪酸的营养价值。

表 1-13 代表性蚕蛹品种的脂肪酸组成

排名	品种	$F_{综合}$	C16:0	C16:1	C18:0	C18:1	C18:2	C18:3	PUFA
1	XFF	2.30	24.16	0.54	5.65	26.44	6.19	37.02	43.21
2	YT	2.23	23.54	0.47	6.91	26.77	6.74	35.55	42.31
3	YO	2.10	22.47	0.60	6.73	28.07	7.07	35.05	42.12
4	XRH	1.94	27.84	0.62	5.85	24.60	6.01	35.02	41.03
5	ZX（BY）	1.74	25.78	0.73	6.28	30.13	6.03	30.89	36.92
89	YFT	-1.47	25.14	0.63	9.65	33.81	5.32	25.26	30.58
90	YHA	-1.50	25.1	0.70	11.85	31.37	4.90	25.77	30.67
91	SZTB	-1.55	24.91	0.54	10.36	33.32	5.07	25.52	30.60
92	RX	-1.67	24.41	0.70	7.34	36.57	4.83	25.98	30.80
93	ZS	-1.84	24.92	1.09	6.67	37.36	5.09	24.55	29.64

桑蚕作为地球上人工饲养历史最悠久、饲养规模最大的一种可食用昆虫，生物学分类介于植物和脊椎动物之间，其脂肪酸构成也表现出不同于植物和脊椎动物的鲜明特色，从本研究结果来看，同时富含 α-亚麻酸和油酸，两者比例接近 1∶1。部分品种的桑蚕蛹脂肪中 α-亚麻酸的含量达 30%以上，它作为 EPA 和 DHA 的前体物质，在多种酶的作用下可转化为 EPA

和 DHA，在炎性及免疫性和代谢性疾病调控方面发挥重要作用。此外，蚕蛹脂肪中 n-6 和 n-3 系列不饱和脂肪酸比值介于 0.102~0.235，可用于改善居民日常膳食中 n-6 和 n-3 型脂肪酸不平衡的现状。

七、不同品种蚕蛹黄酮含量变化

品种对蚕蛹总黄酮含量影响显著，最高的品种是 "SNOO"，含量达到 116.35 mg/g，是含量最低的品种（"GH"，7.93 mg/g）黄酮含量的十几倍。50 个蚕蛹品种总黄酮含量分析结果见表 1-14。

表 1-14　不同品种蚕蛹总黄酮含量表　　　　　　（单位：mg/g）

品种名称	含量	品种名称	含量
GB	23.31	GH	7.93
JQ	38.75	SOON	34.79
ENT	23.00	FF	8.76
TX	43.68	XH	27.59
FST	24.58	FSE	8.48
FFE	41.02	SET	40.22
ETOO	21.33	ESSS	30.11
EB	32.08	NFR	33.64
NFZS	62.66	Kinshu	68.74
XSE	35.04	YYB	28.79
ZY	83.41	DHXH	52.92
XHY（XX）	34.29	LJDLJ	20.99
XFF	76.06	TOFTJ	49.92
TOOS	30.11	FSOF	24.03
SNOO	116.35	showa	80.23
ASOO	34.36	CQD	24.39
GJOH	65.78	HF	73.49
KFF	40.88	LF	33.98
MTOH	73.41	MTTH	80.98
QFT	45.19	WCFH	34.36
XJ	47.21	YOTF	60.00

（续表）

品种名称	含量	品种名称	含量
YOJ	34.91	ZY	42.47
TTOO	46.56	TTOT	38.26
THT	28.28	YXTH	42.73
YYOH	10.63	JHJ（H）	33.34

按照总黄酮含量，将 50 个样品分为 12 个区间，对各区间的样品数量进行频数分析，结果如图 1-12 所示，供试样品在 7.93~83.41 mg/g 之间基本趋于正态分布，其中有 26 个品种的总黄酮含量集中在 20.99~40.88 mg/g（占总体 52%），超过 50 mg/g 的高总黄酮含量品种有 12 个（占总体 24%）。

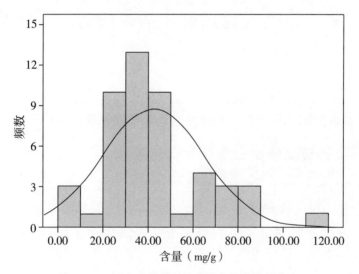

图 1-12　50 个品种基于总黄酮含量的频数分布

八、不同品种蚕蛹多糖含量变化

对 50 个品种蚕蛹的多糖进行了分析。研究结果表明，品种对蚕蛹多糖含量存在不同程度的影响。不同蚕蛹的多糖含量分布范围为 0.52%~1.73%，含量最高的是"EB"，最低的是"GJOH"（图 1-13）。

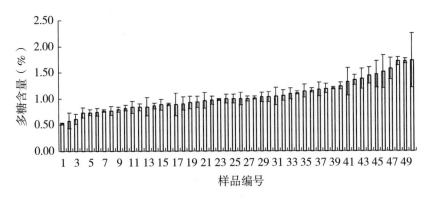

图 1-13　不同品种蚕蛹粗多糖含量

第二节　家蚕发育过程中活性成分的变化规律

在收集、整理代表性的家蚕品种资源基础上，确定最佳的蚕蛹加工品种，测定不同发育过程中蛋白含量、氨基酸组成、油脂、DNJ、黄酮等营养成分和活性成分的变化规律，构建具有代表性的家蚕发育阶段资源库。

一、发育过程中蛋白质含量变化规律

家蚕在发育过程中，由于生理生长的需要，机体内部发生复杂的物质合成与转化。图 1-14 结果表明：蛋白质含量随着蚕体发育总体呈现下降趋势，1~5 龄起蚕期蛋白含量均高于 60%，发育到 3 龄起蚕时达到最高 66.58%。幼虫发育阶段蛋白质含量较高，可能是蚕大量进食桑叶吸收转化合成蛋白质活动较旺盛，5 龄第 2 天后蛋白质含量显著降低，至蛹期化蛹后第 2 天达到最低 （44.25%），可能与此发育阶段血液中贮藏蛋白质含量降低有关。

家蚕是变态昆虫，在变态的发育阶段，蚕体内经历复杂的生理变化，蛋白质含量也变化迥异。图 1-15 结果表明：幼虫期 1~4 龄期间，蛋白质含量变化不显著；1~4 龄与 5 龄、蛹期之间蛋白质含量变化显著；两个变态发育阶段幼虫期和蛹期差异显著，蛹期显著降低，主要是由于幼虫期食桑消化吸收转化合成机体需要的组织器官及酶系统，因此蛋白质含量处于较高水平，而蛹期蛋白质由体内转化到体外形成蚕茧，致使蛋白质含量显著

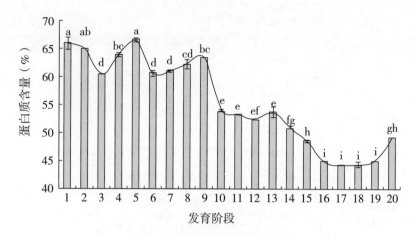

图 1-14　家蚕发育过程中蛋白质含量变化规律

注：1. 蚁蚕；2.1 龄眠；3.2 龄起；4.2 龄眠；5.3 龄起；6.3 龄眠；7.4 龄起；8.4 龄眠；9.5 龄起；10.5 龄第 2 天；11.5 龄第 3 天；12.5 龄第 4 天；13.5 龄第 5 天；14.5 龄第 6 天；15.5 龄第 7 天；16. 蛹后第 1 天；17. 蛹后第 2 天；18. 蛹后第 3 天；19. 蛹后第 4 天；20. 蛹后第 5 天

低于幼虫期。

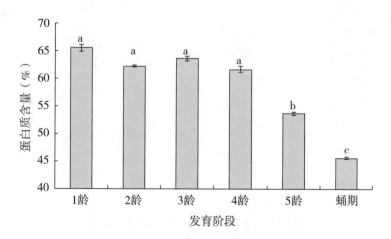

图 1-15　家蚕各个龄期蛋白质含量变化规律

结合每龄蚕平均体重（图 1-16），分析各个发育阶段一头蚕所含蛋白质的量，结果如图 1-17 所示，在 5 龄第 7 天的蚕干重最高（0.63 g/头），在发育阶段 5 龄第 7 天蚕蛋白质含量为 0.31 g/头。

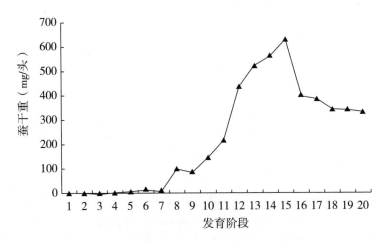

图 1-16　家蚕各个龄期每头蚕干重

注：1. 蚁蚕；2. 1 龄眠；3. 2 龄起；4. 2 龄眠；5. 3 龄起；6. 3 龄眠；7. 4 龄起；8. 4 龄眠；9. 5 龄起；10. 5 龄第 2 天；11. 5 龄第 3 天；12. 5 龄第 4 天；13. 5 龄第 5 天；14. 5 龄第 6 天；15. 5 龄第 7 天；16. 蛹后第 1 天；17. 蛹后第 2 天；18. 蛹后第 3 天；19. 蛹后第 4 天；20. 蛹后第 5 天

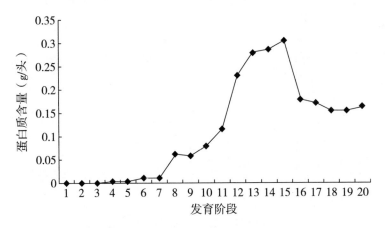

图 1-17　家蚕各个龄期每头蚕蛋白质含量

注：1. 蚁蚕；2. 1 龄眠；3. 2 龄起；4. 2 龄眠；5. 3 龄起；6. 3 龄眠；7. 4 龄起；8. 4 龄眠；9. 5 龄起；10. 5 龄第 2 天；11. 5 龄第 3 天；12. 5 龄第 4 天；13. 5 龄第 5 天；14. 5 龄第 6 天；15. 5 龄第 7 天；16. 蛹后第 1 天；17. 蛹后第 2 天；18. 蛹后第 3 天；19. 蛹后第 4 天；20. 蛹后第 5 天

二、发育过程中氨基酸组成变化规律

家蚕是优质的蛋白质资源，而氨基酸作为蛋白质的主要组成单元含量丰富。图 1-18 结果表明：在家蚕整个发育过程中，每克蛋白质含必需氨基酸的总量变化不显著，其中最低含量为 440.55 mg/g，各个发育阶段，家蚕的氨基酸含量均高于 FAO/WHO 推荐的相关标准。

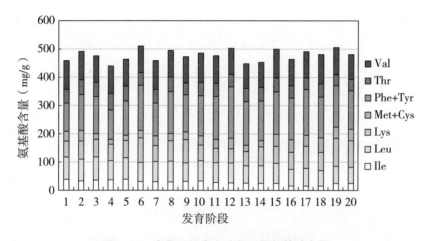

图 1-18　家蚕不同发育阶段必需氨基酸含量

注：1. 蚁蚕；2. 1 龄眠；3. 2 龄起；4. 2 龄眠；5. 3 龄起；6. 3 龄眠；7. 4 龄起；8. 4 龄眠；9. 5 龄起；10. 5 龄第 2 天；11. 5 龄第 3 天；12. 5 龄第 4 天；13. 5 龄第 5 天；14. 5 龄第 6 天；15. 5 龄第 7 天；16. 蛹后第 1 天；17. 蛹后第 2 天；18. 蛹后第 3 天；19. 蛹后第 4 天；20. 蛹后第 5 天

表 1-15 可以看出家蚕在不同发育阶段必需氨基酸含量不同，参照 FAO/WHO 推荐不同人群的需求标准（FAO/WHO/UNU，1985），家蚕不同发育阶段满足不同人群的营养需求。其中家蚕整个发育阶段都可满足成人对氨基酸的需求量；对于 10~15 岁儿童来说，出蚁至 5 龄蚕都基本满足其对氨基酸的需求（除 2 龄蚕及 5 龄第 5 天蚕）；2~5 岁的幼儿氨基酸需求标准升高，1 龄眠、2 龄起、3 龄眠、4 龄眠、5 龄起蚕、5 龄第 7 天蚕这些阶段可以满足其对氨基酸的需求。

表 1-15　不同发育阶段家蚕必需氨基酸组成

发育阶段	Ile	Leu	Lys	Met+Cys	Phe+Tyr	Thr	Val	His
出蚁	39.83	77.98	56.71	35.46	98.01	47.97	104.49	47.26
1龄眠	34.38	75.21	63.85	39.22	127.49	49.03	101.38	26.53
2龄起	36.10	81.68	62.57	20.55	131.32	49.43	93.72	23.15
2龄眠	37.95	68.91	58.43	17.67	102.08	57.49	98.02	31.92
3龄起	40.17	77.12	57.14	21.46	122.09	49.55	96.19	32.44
3龄眠	31.55	67.99	86.10	30.07	154.24	44.89	95.92	42.19
4龄起	32.74	70.83	55.96	35.32	115.64	47.79	102.00	40.94
4龄眠	32.80	68.12	73.47	27.89	147.84	48.49	95.67	44.92
5龄起	32.46	67.85	79.18	29.08	127.60	44.05	92.46	56.11
5龄第2天	35.35	71.52	54.17	32.25	139.97	48.18	105.60	26.55
5龄第3天	30.07	67.44	51.30	35.28	148.29	45.73	96.39	22.67
5龄第4天	28.22	67.87	51.59	41.48	176.58	46.04	92.35	20.08
5龄第5天	27.12	62.95	49.84	22.77	152.25	47.19	86.97	24.01
5龄第6天	28.81	59.00	67.35	22.38	137.09	48.15	90.31	35.97
5龄第7天	27.94	67.82	59.37	44.79	149.51	46.91	103.74	28.13
蛹后第1天	16.29	56.98	62.96	45.80	145.39	41.99	93.93	59.05
蛹后第2天	17.96	61.17	77.50	38.73	160.55	41.47	91.96	75.74
蛹后第3天	16.74	54.93	64.48	51.32	144.29	43.94	106.49	58.99
蛹后第4天	27.94	59.11	97.35	41.91	146.16	37.70	95.05	111.26
蛹后第5天	26.15	56.28	91.89	43.49	134.28	37.55	89.76	104.97
成人	13.00	19.00	16.00	17.00	19.00	9.00	13.00	16.00
10~15岁	28.00	44.00	44.00	22.00	22.00	28.00	25.00	19.00
2~5岁	28.00	66.00	58.00	25.00	63.00	34.00	35.00	19.00

　　必需氨基酸在生物体内是按比例吸收的，含量最少的氨基酸决定氨基酸吸收率，该类氨基酸称为限制性氨基酸。日常的主食中也存在限制性氨基酸，为了满足人体的需要，在主食中添加蚕粉复配、互补，可以解决因限制性氨基酸导致氨基酸吸收率低的问题。如表 1-17 所示，日常主食（小

麦、大麦、大米、玉米、花生、大豆）的限制性氨基酸主要为 Lys、Met、
Thr、Val，参照 FAO/WHO 推荐的理想模式，由表 1-16 氨基酸评分可发现
蚁蚕、1 龄眠、2 龄起、4 龄起、5 龄第 7 天、化蛹 1~5 天的限制性氨基酸
为 Leu、Ile，与主食限制性氨基酸 Lys、Met、Thr、Val 互补，可以解决氨基
酸吸收率低的问题，使人体摄入均衡营养。

表 1-16　不同发育阶段家蚕必需氨基酸评分

发育阶段	AAS 评分						
	Ile	Leu	Lys	Met+Cys	Phe+Tyr	Thr	Val
出蚁	1.00	1.11	1.03	1.01	1.63	1.20	2.09
1 龄眠	0.86	1.07	1.16	1.12	2.12	1.23	2.03
2 龄起	0.90	1.17	1.14	0.59	2.19	1.24	1.87
2 龄眠	0.95	0.98	1.06	0.50	1.70	1.44	1.96
3 龄起	1.00	1.10	1.04	0.61	2.03	1.24	1.92
3 龄眠	0.79	0.97	1.57	0.86	2.57	1.12	1.92
4 龄起	0.82	1.01	1.02	1.01	1.93	1.19	2.04
4 龄眠	0.82	0.97	1.34	0.80	2.46	1.21	1.91
5 龄起	0.81	0.97	1.44	0.83	2.13	1.10	1.85
5 龄第 2 天	0.88	1.02	0.98	0.92	2.33	1.20	2.11
5 龄第 3 天	0.75	0.96	0.93	1.01	2.47	1.14	1.93
5 龄第 4 天	0.71	0.97	0.94	1.19	2.94	1.15	1.85
5 龄第 5 天	0.68	0.90	0.91	0.65	2.54	1.18	1.74
5 龄第 6 天	0.72	0.84	1.22	0.64	2.28	1.20	1.81
5 龄第 7 天	0.70	0.97	1.08	1.28	2.49	1.17	2.07
蛹后第 1 天	0.41	0.81	1.14	1.31	2.42	1.05	1.88
蛹后第 2 天	0.45	0.87	1.41	1.11	2.68	1.04	1.84
蛹后第 3 天	0.42	0.78	1.17	1.47	2.40	1.10	2.13
蛹后第 4 天	0.70	0.84	1.77	1.20	2.44	0.94	1.90
蛹后第 5 天	0.65	0.80	1.67	1.24	2.24	0.94	1.80

表 1-17　日常饮食中主食的限制性氨基酸

食物	第一限制性氨基酸	第二限制性氨基酸	第三限制性氨基酸
小麦	Lys	Thr	Val
大麦	Lys	Thr	Met
大米	Lys	Thr	—
玉米	Lys	Trp	Thr

（续表）

食物	第一限制性氨基酸	第二限制性氨基酸	第三限制性氨基酸
花生	Met	—	—
大豆	Met	—	—

三、发育过程中油脂含量的变化规律

家蚕在发育过程中体内粗脂肪含量不断变化，结果如图 1-19 所示，粗脂肪含量随着蚕体发育总体呈现先升高后降低的趋势，从蚁蚕到 5 龄第 5 天这一阶段粗脂肪变化不显著，在 5 龄第 5 天后粗脂肪含量显著升高，在蛹后第 2 天达到最高（17.31%）随后逐渐下降。

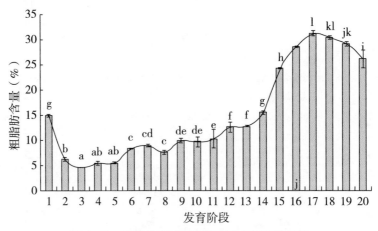

图 1-19　家蚕发育过程中粗脂肪含量变化规律

注：1. 蚁蚕；2. 1 龄眠；3. 2 龄起；4. 2 龄眠；5. 3 龄起；6. 3 龄眠；7. 4 龄起；8. 4 龄眠；9. 5 龄起；10. 5 龄第 2 天；11. 5 龄第 3 天；12. 5 龄第 4 天；13. 5 龄第 5 天；14. 5 龄第 6 天；15. 5 龄第 7 天；16. 蛹后第 1 天；17. 蛹后第 2 天；18. 蛹后第 3 天；19. 蛹后第 4 天；20. 蛹后第 5 天

四、发育过程中 DNJ 含量的变化规律

（一）蚕体发育过程中 DNJ 含量的变化规律

由图 1-20 可知，家蚕体内 DNJ 含量随着家蚕的发育呈波浪形变化，眠时低，眠起后升高，1 龄变化不明显，同一龄期，除 2 龄外，3 龄、4 龄均

起蚕大于眠蚕。未摄食桑叶的蚁蚕体内未检测到 DNJ，随着家蚕摄食和发育，DNJ 含量呈上升趋势，3 龄起蚕 DNJ 含量达到最高值，为 5.46 mg/g，之后 4 龄起蚕和 5 龄起蚕 DNJ 含量检测结果分别为 5.14 mg/g 和 4.39 mg/g，均低于 3 龄起蚕。5 龄阶段呈现先升高后下降的变化趋势，5 龄第 3 天达到本龄峰值（3.43 mg/g），此后含量急剧降低，蛹体内含量甚微，蛾体内几乎检测不到 DNJ。

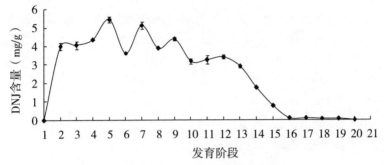

图 1-20　家蚕不同发育阶段 DNJ 的动态变化规律（$\bar{x}$±S，$n=3$）

注：1. 蚁蚕；2. 1 龄眠蚕；3. 2 龄起蚕；4. 2 龄眠蚕；5. 3 龄起蚕；6. 3 龄眠蚕；7. 4 龄起蚕；8. 4 龄眠蚕；9. 5 龄起蚕；10. 5 龄第 1 天；11. 5 龄第 2 天；12. 5 龄第 3 天；13. 5 龄第 4 天；14. 5 龄第 5 天；15. 5 龄第 6 天；16. 熟蚕；17. 上蔟后第 1 天；18. 上蔟后第 2 天；19. 蛹；20. 蛾

（二）从熟蚕到成虫过程中 DNJ 含量的变化

家蚕从熟蚕到成虫的变化过程如图 1-21 所示。

图 1-21　家蚕从熟蚕到成虫的变化过程

家蚕体内 DNJ 的含量从熟蚕的微量到化蛾后基本上检测不到，这个过程中家蚕不摄食桑叶，只进行排泄，故考虑损失的 DNJ 可能存在于家蚕的排泄物中。搜集熟蚕（包含吐丝前未排尽蚕粪、蚕尿的熟蚕和吐丝的熟蚕），吐丝前未排尽蚕粪、蚕尿的熟蚕，吐丝前熟蚕排的蚕粪（白色，即蚕粪中不含桑叶)、蚕尿，吐丝的熟蚕，出蛾前一天的蛹，未排尿的蛾，蛾尿，排过尿的蛾，进行 DNJ 测定，结果见表 1-18。结果表明：熟蚕经过排尿和排蚕粪后，熟蚕体内 DNJ 含量降低，蚕粪和尿液中均含有一定量的DNJ；出蛾前一天的蛹和未排尿的蛾，体内 DNJ 含量基本相同，蛾经过排尿，体内 DNJ 基本上检测不到，DNJ 通过蛾尿排出体外。

表 1-18　家蚕从熟蚕到成虫过程中 DNJ 含量的变化 ($\bar{x}\pm S$，$n=3$)

名称	DNJ 含量	名称	DNJ 含量
熟蚕 Ⅰ	(0.30±0.03) mg/g	出蛾前一天的蛹	(0.23±0.02) mg/g
熟蚕 Ⅱ	(0.13±0.01) mg/g	未排尿的蛾	(0.24±0.04) mg/g
熟蚕 Ⅲ	(0.09±0.01) mg/g	蛾尿	(28.62±1.27) ×10⁻³ mg/ml
熟蚕尿液	(4.44±3.05) ×10⁻³ mg/ml	排尿后的蛾	—
熟蚕蚕粪	(0.96±0.06) mg/g		

注：熟蚕 Ⅰ 指吐丝前未排尽蚕粪、蚕尿的熟蚕；熟蚕 Ⅱ 指含有吐丝前未排尽蚕粪、蚕尿的熟蚕和吐丝的熟蚕；熟蚕 Ⅲ 指吐丝的熟蚕。"—"代表检测不到

(三) 不同发育阶段每头家蚕的平均体重

样品制备过程中，取一定数目的家蚕，进行冷冻干燥，得到不同发育阶段每头家蚕的平均体重，如表 1-19 所示。

表 1-19　不同发育阶段每头家蚕的平均体重

发育阶段	每头家蚕的平均体重（mg）	发育阶段	每头家蚕的平均体重（mg）
蚁蚕	0.43	5 龄第 1 天	147.09
1 龄眠蚕	0.82	5 龄第 2 天	217.08
2 龄起蚕	0.72	5 龄第 3 天	437.05
2 龄眠蚕	4.38	5 龄第 4 天	520.23
3 龄起蚕	3.53	5 龄第 5 天	563.41
3 龄眠蚕	16.86	5 龄第 6 天	629.36
4 龄起蚕	15.68	熟蚕	619.56
4 龄眠蚕	100.93	上蔟后第 1 天	386.99
5 龄起蚕	89.36	上蔟后第 2 天	303.03

由表 1-19 可知，家蚕的体重随着家蚕的发育呈上升趋势，从 1 龄眠蚕到 5 龄起蚕阶段，每一龄的眠蚕到下一龄的起蚕，体重略有降低；随着家

蚕不断摄食桑叶，体重不断增加，5 龄第 6 天达到最大值 629.36 mg，之后家蚕不摄食桑叶，体重逐渐降低。

（四）不同发育阶段每头家蚕 DNJ 含量（表 1-20）

表 1-20　不同发育阶段每头家蚕体内 DNJ 含量

发育阶段	DNJ 含量（μg/头）	发育阶段	DNJ 含量（μg/头）
蚁蚕	0	5 龄第 1 天	468.62
1 龄眠蚕	3.28	5 龄第 2 天	710.34
2 龄起蚕	2.91	5 龄第 3 天	1 499.39
2 龄眠蚕	19.12	5 龄第 4 天	1 512.46
3 龄起蚕	19.23	5 龄第 5 天	990.00
3 龄眠蚕	61.30	5 龄第 6 天	484.55
4 龄起蚕	80.63	熟蚕	68.51
4 龄眠蚕	393.36	上蔟后第 1 天	39.71
5 龄起蚕	392.72	上蔟后第 2 天	26.35

五、发育过程中蜕皮激素的变化规律

（一）家蚕中蜕皮激素的种类

家蚕中可以检测到蜕皮激素单体的种类有 β-蜕皮激素（20E）、α-蜕皮激素（E）、马克甾酮 A（MarkA）、Muristerone A（MurA）。松甾酮 A（PonA）基本上检测不到。如图 1-22 所示。

（二）家蚕不同发育阶段蜕皮激素含量动态变化规律

1. 家蚕不同发育阶段 20E、E、MakA 含量动态变化规律

如图 1-23 所示，家蚕从幼虫到蛹再到成虫各发育阶段，20E、E、MakA 呈现不同的变化规律。为了更加明确幼虫阶段这 3 种物质的变化规律，将幼虫阶段单独列出，如图 1-24 所示。

20E 的含量在家蚕整个发育过程中，家蚕幼虫阶段和成虫阶段较少，蛹期较高。在家蚕幼虫阶段（图 1-24），眠时高，眠起后降低，蚁蚕和 2 龄眠蚕的含量相对较高，分别为 48.37 ng/g 和 58.67 ng/g。5 龄阶段，5 龄起蚕到 5 龄第 5 天，20E 的含量一直都处于很低的水平；5 龄末期，从 5 龄第 6 天开始，20E 的含量逐渐升高。上蔟后第 2 天下午，即预蛹期的家蚕，20E 含量达到家蚕整个发育过程的最大值（663.44 ng/g），短时降低后，于

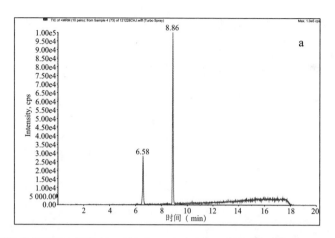

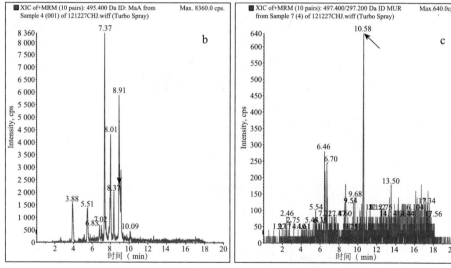

图 1-22　样品中含有蜕皮激素的种类

注：a 中分别为 20E 和 E（从左至右）；b 中箭头所指的出峰时间 8.37 的峰为 MakA；c 中箭头所指的出峰时间 10.58 的峰为 MurA

上蔟后第 5 天早上达到整个发育阶段的第二高峰期（311.60 ng/g）之后，20E 的含量一直处于很低水平。

E 的含量在家蚕整个发育过程中，家蚕蛹期和成虫期含量较高，幼虫阶段含量较低。蛹期，随蛹的发育，E 的含量整体呈现先上升后下降又上升的趋势。上蔟后第 5 天早上达到家蚕整个发育过程中的最大值 1 051.54 ng/g，短时降低后于上蔟后第 8 天早上再次升高，至第 13 天早上达 553.14 ng/g 后又急剧下降，于第 14 天早上开始化蛾，出蛾第 1 天雌蛾体内 E 的含量升高，第 2 天达 874.74 ng/g，第 3 天降低。

MakA 的含量在家蚕整个发育过程中，只有蚁蚕体内的含量较高，为 142.34 ng/g，其余时期的样品中含量均很低。

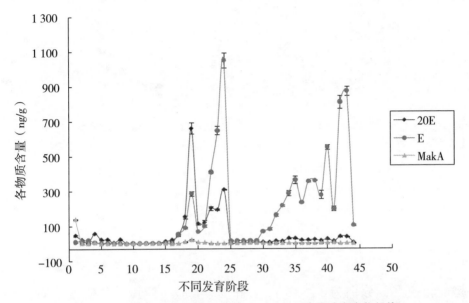

图 1-23　家蚕不同发育阶段 20E、E、MakA 含量动态变化规律

注：1. 蚁蚕；2. 1 龄眠蚕；3. 2 龄起蚕；4. 2 龄眠蚕；5. 3 龄起蚕；6. 3 龄眠蚕；7. 4 龄起蚕；8. 4 龄眠蚕；9. 5 龄起蚕；10. 5 龄第 1 天；11. 5 龄第 2 天；12. 5 龄第 3 天；13. 5 龄第 4 天；14. 5 龄第 5 天；15. 5 龄第 6 天；16. 熟蚕；17. 上蔟后第 1 天；18. 上蔟后第 2 天早上；19. 上蔟后第 2 天下午；20. 上蔟后第 3 天早上；21. 上蔟后第 3 天下午；22. 上蔟后第 4 天早上；23. 上蔟后第 4 天下午；24. 上蔟后第 5 天早上；25. 上蔟后第 5 天下午；26. 上蔟后第 6 天早上；27. 上蔟后第 6 天下午；28. 上蔟后第 7 天早上；29. 上蔟后第 7 天下午；30. 上蔟后第 8 天早上；31. 上蔟后第 8 天下午；32. 上蔟后第 9 天早上；33. 上蔟后第 9 天下午；34. 上蔟后第 10 天早上；35. 上蔟后第 10 天下午；36. 上蔟后第 11 天早上；37. 上蔟后第 11 天下午；38. 上蔟后第 12 天早上；39. 上蔟后第 12 天下午；40. 上蔟后第 13 天早上；41. 上蔟后第 13 天下午；42. 出蛾第 1 天雌；43. 出蛾第 2 天雌；44. 出蛾第 3 天雌

2. 家蚕不同发育阶段 MurA 含量动态变化规律

在家蚕整个发育阶段过程中 MurA 含量动态变化规律如图 1-25 所示，结果表明：一龄眠蚕 MurA 含量最高为 15.37 ng/g，其次是 2 龄

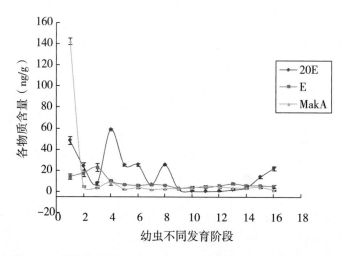

图 1-24　幼虫不同发育阶段 20E、E、MakA 含量动态变化规律

注：1. 蚁蚕；2. 1 龄眠蚕；3. 2 龄起蚕；4. 2 龄眠蚕；5. 3 龄起蚕；6. 3 龄眠蚕；7. 4 龄起蚕；8. 4 龄眠蚕；9. 5 龄起蚕；10. 5 龄第 1 天；11. 5 龄第 2 天；12. 5 龄第 3 天；13. 5 龄第 4 天；14. 5 龄第 5 天；15. 5 龄第 6 天；16. 熟蚕；17. 上蔟后第 1 天；18. 上蔟后第 2 天；19. 蛹；20. 蛾

起蚕和蚁蚕，分别为 11.36 ng/g 和 5.74 ng/g，其余各阶段家蚕体内 MurA 含量除 2 龄眠蚕、3 龄起蚕、3 龄眠蚕甚微外，基本上检测不到 MurA。

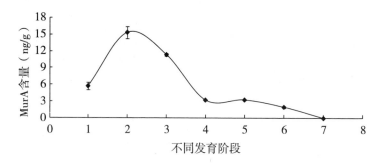

图 1-25　家蚕不同发育阶段 MurA 含量动态变化规律

注：1. 蚁蚕；2. 1 龄眠蚕；3. 2 龄起蚕；4. 2 龄眠蚕；5. 3 龄起蚕；6. 3 龄眠蚕；7. 4 龄起蚕

第三节　缫丝过程对蚕蛹主要营养成分的影响

一、传统缫丝工艺对蚕蛹品质及主要组分的影响

（一）蚕蛹质量的变化

如图 1-26 所示：在传统的缫丝过程中，烘干、煮茧、缫丝等工艺对蚕蛹的质量影响不显著，而经过机械脱蛹衬工艺流程处理后，蚕蛹的质量显著降低（$P<0.05$）。分析认为，在传统缫丝过程中，机械脱蛹衬会造成大量蚕蛹破损，且在强碱条件下将带衬蚕蛹煮沸导致脱衬后蚕蛹需要大量的水冲洗至中性，故而造成蚕蛹质量的损失，而其他流程的处理均不会造成蚕茧内蚕蛹的质量损失。

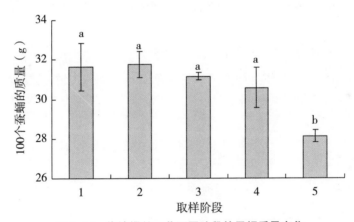

图 1-26　传统缫丝工艺不同阶段的蚕蛹质量变化

1. 鲜蛹；2. 烘干蛹；3. 煮茧后湿蛹；4. 缫丝后蚕蛹；5. 机械脱衬后蚕蛹（a、b 表示在 $P<0.05$ 存在显著差异）

（二）蚕蛹中的蛋白质和脂肪含量变化

从图 1-27 可以看出，整个缫丝过程中，蚕蛹中的蛋白质含量和油脂含量无显著变化（$P<0.05$）。这表明在传统缫丝过程中蚕蛹中的蛋白质与油脂的比例是一定的〔蛋白质：油脂 =（1.22~1.31）：1〕。推测在蚕蛹中的蛋白质与油脂是以一定形式和比例相结合存在的，对此还有待进一步

研究。

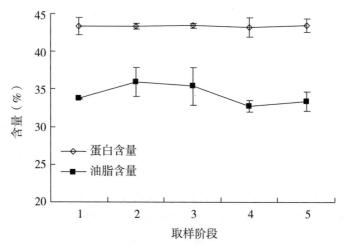

图1-27 传统缫丝工艺各阶段取样蚕蛹的主要组分含量变化
1. 鲜蛹；2. 烘干蛹；3. 煮茧后湿蛹；4. 缫丝后蚕蛹；5. 机械脱衬后蚕蛹

（三）蚕蛹的感官性状变化

传统缫丝工艺经过烘干后的蚕蛹的颜色明显加深，丧失了鲜蛹本身清甜的滋味（表1-21）。这表明传统缫丝工艺会对蚕蛹的感官性状产生不良影响。

表1-21 传统缫丝工艺各阶段蚕蛹感官性状比较

样品	蚕蛹色泽	蚕蛹气味
鲜蛹	鲜亮的黄褐色	清甜
烘干蛹	黑褐色	腥味
煮茧后湿蛹	黑褐色	腥味，有一点蛹臭味
缫丝后蚕蛹	浅褐色	有明显蛹臭味
脱衬后蚕蛹	褐色	有一点蛹臭味，刺鼻的碱味

（四）蚕蛹蛋白的感官性状变化

表1-22结果表明：传统的缫丝工艺对蚕蛹蛋白具有不同程度的影响。经过烘干后的蚕蛹蛋白颜色明显加深，但是蛋白的形态没有发生明显变化，除用脱蛹衬后制备的蚕蛹蛋白呈粉末状外，而其余工艺流程取样制备的蚕蛹蛋白均呈蓬松的片状结构。鲜蛹烘干后，蚕蛹蛋白的色泽变深，可能是

在加热的过程中，蚕蛹的主要组分发生了化学变化。蚕蛹蛋白的特殊臭味极大限制了其应用范围。由于冷冻干燥蚕蛹制备的蛹蛋白的不良气味并不明显，从而推测缫丝蚕蛹蛋白产品的不良气味主要来自于缫丝加工（如烘茧）贮藏过程中产生的低级脂肪酸和多胺类化合物。

表1-22　传统缫丝工艺各阶段取样制备的蛋白感官性状比较

样品	蛋白色泽	蛋白气味	蛋白形态
鲜蛹	乳黄色	清甜，无蚕蛹的特殊臭味	蓬松片状
烘干蛹	深褐色	腥味，无明显不适气味	蓬松片状
煮茧后湿蛹	深褐色	腥味，有一点蛹臭味	蓬松片状
缫丝后蚕蛹	深褐色	有明显蛹臭味	蓬松片状
机械脱衬后蚕蛹	深褐色	有一点蛹臭味	粉末状

（五）蚕蛹蛋白氨基酸组成的变化

传统缫丝工艺不同阶段取样制备蚕蛹蛋白的氨基酸组成有不同程度的差异（表1-23）。这可能是缫丝工艺不同阶段取样的蚕蛹溶出的蛋白质是不同的，从而使氨基酸组成也存在不同程度的差异。制备的蚕蛹蛋白必需氨基酸含量均在42.94~45.02，符合FAO/WHO推荐标准（除色氨酸未测定外）。

表1-23　传统缫丝工艺各阶段取样制备蚕蛹蛋白的氨基酸组成　（单位:%）

氨基酸		鲜蛹	烘干蛹	煮茧后蚕蛹	缫丝后蚕蛹	机械脱衬后蚕蛹
EAA	Thr	4.72	4.84	4.89	4.93	4.95
	Val	5.92	6.36	5.59	6.71	6.75
	Met	4.41	1.36	1.42	1.47	1.63
	Ile	4.85	4.95	4.95	4.88	4.88
	Leu	7.79	8.23	8.28	8.36	8.41
	Phe	6.79	7.43	8.02	6.71	6.72
	Lys	7.65	8.60	8.74	7.49	7.30
	His	2.89	2.68	2.79	2.39	2.35
NEAA	Asp	12.17	11.92	11.78	11.85	11.68
	Ser	4.36	4.46	4.50	4.63	4.55
	Glu	12.83	13.12	13.00	12.80	12.95
	Gly	3.70	3.65	3.96	3.76	3.71
	Ala	4.25	4.50	4.62	4.67	4.67
	Cys	0.35	0.54	0.00	1.74	1.95
	Tyr	7.80	8.17	8.55	9.01	9.05
	Arg	5.92	6.06	5.75	5.64	5.72
	Pro	3.60	3.14	3.16	2.98	2.73

（续表）

氨基酸	鲜蛹	烘干蛹	煮茧后蚕蛹	缫丝后蚕蛹	机械脱衬后蚕蛹
TEAA/TNEAA	81.88	80.02	80.77	75.25	75.41
TEAA/TAA	45.02	44.45	44.68	42.94	42.99

注：Trp 未测定；EAA：必需氨基酸；NEAA：非必需氨基酸；TEAA：必需氨基酸总量；TNEAA：非必需氨基酸总量；TAA：氨基酸总量

（六）蚕蛹蛋白的热特性变化

蛋白质变性一般表现出分子结构从有序态变为无序态，从折叠态变为展开态，从天然状态变成变性状态，在这些状态的变化过程中都会伴随着能量的变化。图 1-28 结果表明：整个缫丝过程中除鲜蚕蛹有明显的吸收峰（$T_m = 101.95℃$，$T_d = 111.85℃$，$\Delta H = 1.24$ J/g 和 $\Delta T_{1/2} = 11.69℃$）之外，其他阶段取样制备的蚕蛹蛋白无明显的吸收峰，表明蚕蛹蛋白均发生了较大程度的变性。从而推测传统缫丝工艺对蚕蛹蛋白的结构影响显著。

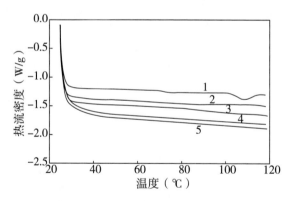

图 1-28　传统缫丝工艺中各阶段取样制备蚕蛹蛋白的 DSC 图谱
1. 鲜蛹；2. 烘干蛹；3. 煮茧后湿蛹；4. 缫丝后蚕蛹；5. 机械脱衬后蚕蛹

（七）蚕蛹蛋白的溶解性变化

蛋白质的溶解性，一般以蛋白质分散指数和氮溶解指数进行评价，是蛋白质最重要的功能特性之一。其他功能特性（如起泡特性、乳化性和凝胶特性）则依赖于蛋白质的初始溶解性。由图 1-29 可知，按照传统缫丝工艺流程依次取样制备的蚕蛹蛋白，其溶解性先升高后降低，机械脱衬蚕蛹制备的蛹蛋白溶解性最低（40.5%），这可能是高温、强碱条件下脱蛹衬时，机械脱衬导致蚕蛹外壳破损使蚕蛹中可溶性蛋白在强碱性条件下大量溶出流失，蛋白质的结构也发生了变化。

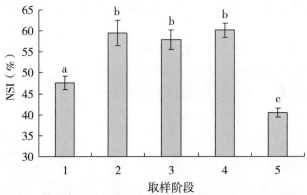

图1-29 传统缫丝工艺各阶段取样制备蚕蛹蛋白的溶解性变化

1. 鲜蛹；2. 烘干蛹；3. 煮茧后湿蛹；4. 缫丝后蚕蛹；5. 机械脱衬后蚕蛹（a、b、c 表示在 $P<0.05$ 存在显著差异）

（八）蚕蛹蛋白的乳化性

乳化性是蛋白质在一定条件下与油脂及水混合后形成乳化的性能，乳化稳定性是指油（脂）水乳化液保持稳定的能力，是反映蚕蛹蛋白加工特性一个非常重要的指标。传统缫丝工艺不同阶段取样制备的蚕蛹蛋白的乳

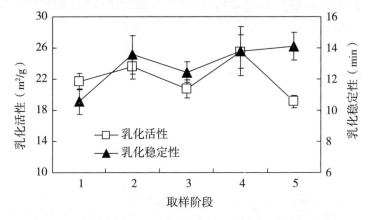

图1-30 传统缫丝工艺各阶段取样制备蚕蛹蛋白的乳化性变化

1. 鲜蛹；2. 烘干蛹；3. 煮茧后湿蛹；4. 缫丝后蚕蛹；5. 机械脱衬后蚕蛹

化性（乳化活性和乳化稳定性）也有不同程度的变化，其中缫丝后蚕蛹蛋白的乳化性最好，机械脱蛹衬后的蚕蛹蛋白乳化性最差（图1-30）。

（九）蚕蛹蛋白乳状液的乳析率

由于蛋白稳定的乳状液在放置过程中脂肪球与连续相之间的密度差而引起脂肪球上浮，可能会发生乳析分层现象，也是反映乳状液稳定性的指标之一。

由图1-31和表1-24可以看出，缫丝过程不同阶段取样制备的蚕蛹蛋白乳状液的层析现象也有不同程度的差异。其中，缫丝后蚕蛹蛋白的乳状液稳定性最好，无明显的乳析现象，这可能与缫丝过程中部分微生

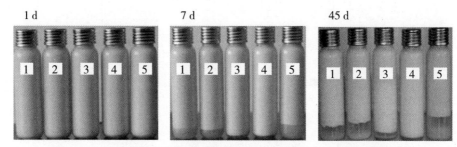

图1-31　传统缫丝工艺各阶段取样制备蚕蛹蛋白乳状液的稳定性比较
1. 鲜蛹；2. 烘干蛹；3. 煮茧后湿蛹；4. 缫丝后蚕蛹；5. 机械脱衬后蚕蛹

物参与蛋白水解导致蛋白结构变化有关，而机械脱蛹衬时高温强碱的环境加上机械损伤蚕蛹外壳导致可溶性蛋白的大量流失以及蛋白的组成及其结构发生变化，从而造成乳状液的乳析率增加（29.17%），乳状液稳定性差。

表1-24　传统缫丝工艺各阶段取样制备蚕蛹蛋白乳状液的乳析率比较　（单位:%）

放置时间	鲜蛹	烘干蛹	煮茧后蚕蛹	缫丝后蚕蛹	机械脱衬后蚕蛹
0 d	0	0	0	0	0
7 d	14.29	17.19	0	0	25.00
45 d	15.87	18.75	6.59	0	29.17

（十）结论

（1）传统的缫丝过程对蚕蛹蛋白的各种加工特性均具有一定的影响。传统缫丝工艺中，机械脱衬会造成蚕蛹主要组分的大量损失，但其比例无

显著变化；随着缫丝工艺的不断推进，蚕蛹蛋白的主要特性也呈现不同程度的变化（乳化性、溶解性等）。

（2）传统缫丝工艺对蚕蛹作为食品、保健品原料的品质有不良的影响，烘茧不仅会使企业的能耗过高，也对副产物——蚕蛹及其蛋白的感官品质造成不良的影响。除机械脱衬会对蛋白的功能特性产生不良影响外，其他工艺无显著影响，结合到感官品质，在高档食品开发过程中，鲜蛹的优势更加明显。

（3）从蚕桑资源高值化、综合利用的角度出发，应对传统缫丝工艺特别是烘茧和机械脱衬工艺进行优化和改进。

二、活蛹缫丝工艺对蚕蛹品质及主要组分的影响

（一）蚕蛹质量的变化

图1-32结果表明：在整个缫丝过程中，浸茧、缫丝等工艺流程对蚕蛹的质量影响不显著，而机械脱衬工艺流程使蚕蛹的质量显著降低（$P<0.05$）。分析认为，缫丝后机械脱蛹衬会造成大量蚕蛹破损，且在强碱条件下将带衬蚕蛹煮沸导致脱衬后蚕蛹需要大量的水冲洗至中性，故而造成蚕蛹质量的损失，而其他流程的处理因为蚕茧的保护均未造成蚕蛹的损失。

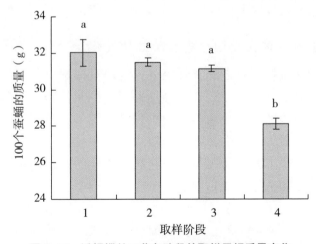

图1-32　活蛹缫丝工艺各阶段的取样蚕蛹质量变化

1. 鲜蛹；2. 浸茧后湿蛹；3. 缫丝后蚕蛹；4. 脱衬后蚕蛹（a、b表示在$P<0.05$存在显著差异）

（二）蚕蛹中蛋白质和脂肪含量的变化

从图1-33可以看出，整个缫丝过程中，蚕蛹中主要营养组分——蛋白质和油脂的含量无显著变化（$P<0.05$）。这表明活蛹缫丝和传统缫丝在缫丝过程中蚕蛹的蛋白与油脂的损失比例是一定的［（1.20~1.23）∶1］。从而推测蚕蛹蛋白与油脂是以某种形式和比例相结合存在的，其具体形式和比例还有待进一步研究。

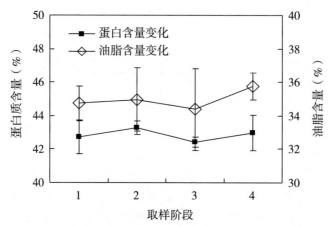

图1-33　活蛹缫丝工艺各阶段取样蚕蛹的主要组分含量变化
1. 鲜蛹；2. 浸茧后湿蛹；3. 缫丝后蚕蛹；4. 脱衬后蚕蛹

（三）蚕蛹及其主要组分感官特性的变化

活蛹缫丝除机械脱衬之外，其他工艺流程对蚕蛹以及相关产品的感官品质无明显的影响（表1-25）。强碱性条件下的机械脱衬流程使新鲜蚕蛹丧失鲜蛹本身清甜的滋味，该阶段的蚕蛹尽管经过大量清水冲洗，仍有一定的刺鼻碱味残留，而且蚕蛹本身的质量损失也较大。用机械脱蛹衬后制备的蚕蛹蛋白呈粉末状，而用其余工艺流程取样的蚕蛹制备的蚕蛹蛋白均呈蓬松的片状结构，这可能是因为机械脱衬过程中，机械破损和强碱条件下高温蒸煮使蚕蛹蛋白变性，同时导致部分可溶性蛋白的流失以及蛋白质、油脂色泽的改变。同时发现：与传统缫丝工艺相比，活蛹缫丝工艺过程中取样制备的蚕蛹蛋白质的不良气味并不明显，因此推测蚕蛹及其蛋白质产品的不良气味主要来自于加工贮藏过程中（如传统缫丝工艺中的烘茧、缫丝前贮藏等）产生的低级脂肪酸和多胺类化合物。

表1-25 活蛹缫丝工艺各阶段取样的蚕蛹及其主要组分的感官特性变化

样品	蛹体色泽	蛋白质			油脂	
		色泽	气味	形态	气味	色泽
鲜蛹	鲜亮黄褐色	浅黄色	清甜	蓬松片状	具有蚕蛹特有的腥臭味	深棕色，稍有浑浊
浸茧后湿蛹	鲜亮黄褐色	浅黄色	清甜	蓬松片状	具有蚕蛹特有的腥臭味	深棕色，稍有浑浊
缫丝后蚕蛹	鲜亮黄褐色	浅褐色	无明显不适气味	蓬松片状	无明显不适气味	浅黄色，无明显浑浊
脱衬后蚕蛹	淡黄色	褐色	无明显臭味，但刺鼻味明显	粉末状	无明显臭味	橘黄色

（四）蚕蛹蛋白氨基酸组成的变化

表1-26数据表明，不同阶段取样蚕蛹制备的蚕蛹蛋白的氨基酸组成有不同程度的差异。这可能是在蚕蛹蛋白样品制备过程中，不同取样阶段的蚕蛹溶出的蛋白质是不同的，从而使氨基酸组成也存在不同程度的差异。不同阶段取样蚕蛹制备的蚕蛹蛋白，其必需氨基酸含量均符合 FAO/WHO 推荐标准（除色氨酸未测定外），非必需氨基酸中，天冬氨酸、谷氨酸和酪氨酸的含量最高。

表1-26 活蛹缫丝工艺各阶段取样蚕蛹制备蚕蛹蛋白的氨基酸组成 （单位:%）

氨基酸		鲜蛹	浸茧后蚕蛹	缫丝后蚕蛹	脱衬后蚕蛹
EAA	Thr	4.72	4.78	4.79	4.70
	Val	5.92	5.78	5.78	5.74
	Met	4.41	4.21	3.41	3.31
	Ile	4.85	4.73	4.75	4.56
	Leu	7.79	7.86	7.86	7.60
	Phe	6.79	6.7	6.29	6.72
	Lys	7.65	7.58	8.05	8.18
	His	2.89	2.8	3.12	3.60
NEAA	Asp	12.17	12.05	12.01	11.78
	Ser	4.36	4.56	4.53	4.42
	Glu	12.83	13.27	13.43	13.32
	Gly	3.70	3.8	4.12	4.09
	Ala	4.25	4.35	4.76	4.71
	Cys	0.35	0.32	0.21	0.27
	Tyr	7.80	7.39	7.01	7.45
	Arg	5.92	5.99	6.05	5.79
	Pro	3.60	3.83	3.83	3.75

（续表）

氨基酸	鲜蛹	浸茧后蚕蛹	缫丝后蚕蛹	脱衬后蚕蛹
TEAA/TNEAA	81.88	79.99	78.73	79.90
TEAA/TAA	45.02	44.99	44.05	44.41

注：Trp. 未测定；EAA. 必需氨基酸；NEAA. 非必需氨基酸；TEAA. 必需氨基酸总量；TNEAA. 非必需氨基酸总量；TAA. 氨基酸总量

（五）蚕蛹油的理化特性变化

用机械脱衬后的蚕蛹提取得到的蚕蛹油，其水分含量都相对较低（表1-27），但仍超过二级粗油的水分含量要求。过高的水分含量将容易促使油脂水解酸败，不利于油脂的贮藏和运输，因此在具体生产过程中仍需要进行水分的脱除。酸价是脂肪中游离脂肪酸含量的标志，游离脂肪酸容易与空气中的氧气发生氧化作用，而使油脂产生哈喇味，由于游离脂肪酸是造成油脂变坏的根本原因，因此油脂中游离脂肪酸越少越好，也就是酸价越小越好。同时可以看出，活蛹缫丝工艺中，机械脱蛹衬对蚕蛹油酸价的影响显著，其指标升高至 13.76 mg NaOH/g。按活蛹缫丝工艺流程依次取样蚕蛹，制备的蚕蛹油碘值不断降低，这表明蚕蛹油的不饱和度逐渐降低（表1-27）。按活蛹缫丝工艺流程依次取样制备的蚕蛹油过氧化值逐渐增加（表1-27），活蛹缫丝浸茧未影响到蚕蛹油脂的品质，这表明是活蛹缫丝工艺的缫丝和脱蛹衬流程在一定程度上影响了蚕蛹油脂的品质。皂化值的高低表示油脂中脂肪酸相对分子质量的大小（即脂肪酸碳原子的多少），皂化值愈高，说明脂肪酸分子量愈小，亲水性较强，失去油脂的特性；皂化值愈低，则脂肪酸分子质量愈大或含有较多的不皂化

表1-27　活蛹缫丝工艺各阶段取样蚕蛹制备油脂的理化性质（$\bar{x}\pm s$，$n=3$）

理化性质样品	水分含量（%）	酸价（mgNaOH/g）	碘值（mg/g）	过氧化值（mmol/kg）	皂化值（mgKOH/g）
鲜蛹	1.79±0.10[a]	3.54±0.32[a]	62.79±3.17[a]	3.18±0.19[a]	218.87±3.12[a]
浸茧后湿蛹	1.86±0.17[a]	3.99±0.27[a]	61.68±2.21[a]	3.31±0.22[a]	214.63±5.57[a]
缫丝后蚕蛹	1.71±0.21[a]	4.13±0.19[a]	50.81±6.26[b]	6.73±0.06[b]	195.75±4.55[b]
脱衬后蚕蛹	1.47±0.09[b]	13.76±0.43[b]	43.11±3.12[c]	8.75±0.21[c]	184.87±1.67[c]

注：a、b、c表示在 $P<0.05$ 存在显著差异

物，油脂接近固体，难以注射和吸收，所以食用油需规定一定的皂化值范围，同时皂化值大小间接反映油脂中脂肪酸组成及甘油含量，利用油脂皂化值可计算出以油脂为基础的相关衍生物技术参数，从而指导生产。按活蛹缫丝工艺流程依次取样蚕蛹制备的蚕蛹油的皂化值逐渐降低（表1-27），活蛹缫丝工艺的缫丝和脱蛹衬流程在一定程度上影响了蚕蛹油脂的存在状态。因此，可以根据不同需要，选择不同活蛹缫丝阶段的蚕蛹来作为制备蚕蛹油的原料，例如缫丝蚕蛹可以用来开发一些低端的产品，如饲料、工业油脂等；鲜蛹可以用来开发高档的保健品（用来降血糖、降血脂、抗衰老的胶囊等）。造成活蛹缫丝蚕蛹的油脂理化性状发生变化的原因有很多，其中最主要的原因可能是活蛹缫丝过程中蚕蛹经强碱、高温等不良条件处理所致。

（六）蚕蛹蛋白的热特性变化

图 1-34 表明：活蛹缫丝的整个过程中，鲜蚕蛹和浸茧后的蚕蛹蛋白有一定的热吸收峰，2 组参数分别为 $T_{\mathrm{m}} = 101.95℃$、$T_{\mathrm{d}} = 111.85℃$、$\Delta H = 1.24$ $\mathrm{J/g}$、$\Delta T_{1/2} = 11.69℃$，$T_{\mathrm{m}} = 103.17℃$、$T_{\mathrm{d}} = 112.33℃$、$\Delta H = 1.33$ $\mathrm{J/g}$、$\Delta T_{1/2} = 10.87℃$；其他阶段取样蚕蛹制备的蚕蛹蛋白均无明显的热吸收峰，蚕蛹蛋白均已发生了较大程度的变性。由此可见，活蛹缫丝工艺对蚕蛹蛋白仍有一定的不良影响。

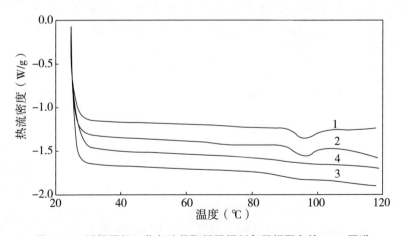

图 1-34　活蛹缫丝工艺各阶段取样蚕蛹制备蚕蛹蛋白的 DSC 图谱
1. 鲜蛹；2. 浸茧后湿蛹；3. 缫丝后蚕蛹；4. 脱衬后蚕蛹

（七）蚕蛹蛋白的溶解性变化

由图 1-35 可知，在整个活蛹缫丝的过程中，蚕蛹蛋白的溶解性先升高后降低。在缫丝阶段取样制备的蚕蛹蛋白的溶解性最高（60.85%），这可能是因为缫丝阶段的一定温度（约 90℃）的热处理使蚕蛹蛋白质的结构发生了变化；机械脱蛹衬阶段取样制备的蚕蛹蛋白的溶解性最低（43.2%），这可能是强碱溶液煮沸脱蛹衬时，蚕蛹的完整性遭到破坏，蚕蛹中大量的可溶性蛋白溶出废弃或者蛋白质结构发生了变化，这与传统缫丝工艺中机械脱衬的蚕蛹制备的蛹蛋白并无显著差异。

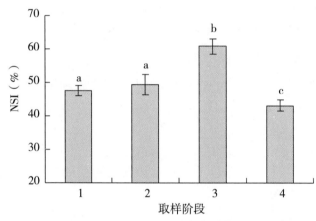

图 1-35　活蛹缫丝工艺各阶段取样蚕蛹制备蚕蛹蛋白的溶解性变化

1. 鲜蛹；2. 浸茧后湿蛹；3. 缫丝后蚕蛹；4. 脱衬后蚕蛹（a、b、c 表示在 $P<0.05$ 存在显著差异）

（八）蚕蛹蛋白的乳化性变化

图 1-36 显示：活蛹缫丝不同阶段取样制备的蚕蛹蛋白的乳化性（乳化活性和乳化稳定性）也有不同程度的变化，其中缫丝阶段取样制备的蚕蛹蛋白的乳化性最好，其他阶段的蚕蛹蛋白的乳化性无显著差异。可能是缫丝阶段一定温度（约 90℃）的热处理使蛋白质结构发生变化，导致蛋白质的溶解性得以改善，进而使蛋白的乳化性增加。

（九）结论

（1）活蛹缫丝工艺对蚕蛹及其主要组分的特性具有不同程度的影响；其中机械脱衬会造成蚕蛹主要组分的大量损失，但其比例无显著变化

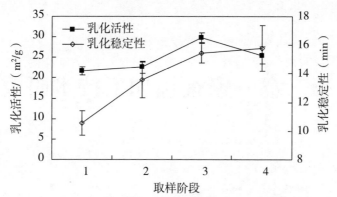

图1-36　活蛹缫丝工艺各阶段取样蚕蛹制备蚕蛹蛋白的乳化性变化
1. 鲜蛹；2. 浸茧后湿蛹；3. 缫丝后蚕蛹；4. 脱衬后蚕蛹

$[(1.20\sim1.23)：1]$；缫丝后蚕蛹蛋白的乳化性、溶解等特性最好；经缫丝和机械脱衬后的蚕蛹蛋白几乎完全变性，这与传统缫丝工艺的特征并无显著差异，但会显著降低企业的能耗。

（2）缫丝工艺不同阶段蚕蛹油脂的化学性状（如酸价、碘值、过氧化值、皂化值等）也发生一定程度的变化，其中机械脱衬后蚕蛹油脂的酸价和过氧化值升高，不饱和度降低，使蚕蛹油的品质下降。

（3）活蛹缫丝工艺对蚕蛹作为食品、保健品原料的品质有不良的影响，机械脱衬对于蛋白与油脂的不良影响最显著，因此在高档食品开发过程中，应选用机械脱衬之前的蚕蛹。

第二章　家蚕蛹加工技术研究

第一节　蚕蛹蛋白的高效制备及特性研究

一、响应面分析优化建立蚕蛹蛋白制备工艺

（一）单因素分析

1. 超声功率对蚕蛹蛋白得率的影响

图 2-1 结果表明，与对照组相比，超声处理能够显著提高蚕蛹蛋白得率。在超声功率为 100 W 时，提取率比较低，在超声辅助提取的条件下，蛋白提取率明显提高，当超声功率大于 400 W，继续增大超声功率时，提取率反而逐渐降低。

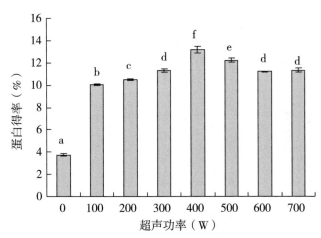

图 2-1　超声功率对蚕蛹蛋白得率的影响

超声功率是描述超声能量输入的一个重要指标，在介质相同的情况下，不同的功率会导致介质中不同的温度变化，从而影响蛋白的溶出率；同时适当的超声处理会改变蛋白的结构，从而改善蛋白的溶解性，增加蛋白得率。而过高的功率会导致溶液的局部温度增加过快，使溶出的可溶性蛋白重新聚集沉淀，使蛋白得率在一定程度上有所降低。

2. 超声时间对蚕蛹蛋白得率的影响

图 2-2 结果表明，蚕蛹蛋白得率随着超声时间的延长先升高后逐渐降低，这与超声本身对蛋白的影响有关。在提取时间为 5 ~ 20 min，提取效率逐渐增加，5 ~ 10 min 增幅最大，20 min 之后，超声时间越长，反而不利于蛋白的提取。

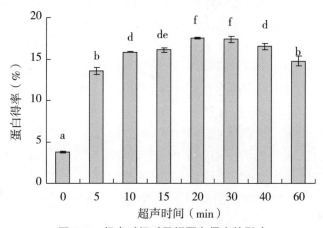

图 2-2　超声时间对蚕蛹蛋白得率的影响

3. 液料比对蚕蛹蛋白得率的影响

图 2-3 结果表明，在相同的条件下，随着液料比的增大，超声协助碱法制备蚕蛹蛋白得率先增加后变化不明显。

当超声功率和时间恒定时，介质溶液的浓度直接会影响到超声的作用效果。图 2-3 结果表明，在相同的条件下，随着溶液中脱脂蛹粉浓度的增加，超声协助碱法制备蚕蛹蛋白得率先增加后变化不明显。提取时液料比过小时，蚕蛹中蛋白质不易从溶剂中被提出，故而蛋白得率很低。提取液料比越大，蛋白质提取率越大，这是由于蚕蛹蛋白多数为球蛋白，其蛋白溶解性低，因此增加溶剂的量能够增加蛋白的提取率。但液料比过大时，如液料比>40 时，提取率增长缓慢，这可能是因为过低的反应底物浓度导

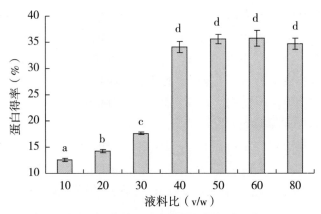

图 2-3　液料比对蚕蛹蛋白得率的影响

致提取过程中蛋白损失的比重增加，从而使蛋白的得率改善不明显甚至略有降低。考虑到以上因素和工业生产的可行性，提取时液料比 40 为宜，即固液比 1:40。

4. NaOH 添加量对蚕蛹蛋白得率的影响

适当提高溶液的 pH 值有利于增加蛋白溶解性，因此 NaOH 浓度对蛋白得率有一定的影响。蛋白随着 NaOH 浓度的增加，蚕蛹蛋白提取率先增后减，存在极值。这是因为随着 NaOH 浓度增加，溶液中 OH⁻ 的数量增加，蚕蛹蛋白的溶解性也增加，但当 NaOH 浓度过高时，部分蚕蛹蛋白在浸提过程中发生降解，使得浸提液中可溶性蛋白含量降低（图 2-4）。

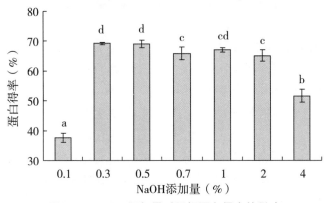

图 2-4　NaOH 添加量对蚕蛹蛋白得率的影响

5. NaCl 添加量对蚕蛹蛋白得率的影响

随着 NaCl 浓度的增加，蚕蛹蛋白提取率先增后减，但是变化不明显。这是因为浸提液中 NaCl 浓度的增加，增加了浸提液中盐的含量，促进了蛋白质在溶液中的盐溶作用，但是当 NaCl 浓度过高时，溶液中离子强度过高，蛋白质带电荷产生斥力，会降低蛋白质在浸提液中的溶解度（图 2-5）。

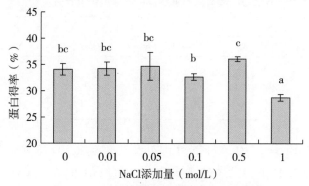

图 2-5 NaCl 添加量对蚕蛹蛋白得率的影响

6. 底料温度对蚕蛹蛋白得率的影响

由图 2-6 可以看出，随着提取体系温度的升高，蚕蛹蛋白质的提取率下降。这可能是因为底料温度高，超声过程中还有热量的释放，混合液温度再次升高，从而使蛋白的结构发生更加剧烈的变化，造成原来可溶的蛋白再度变性聚集。此外，温度过高，降温时间延长，该过程也容易引起微生物的滋生，所以综合考虑这些因素及节约能源消耗，底料温度应控制在常温（当时室温在 16~20℃）。

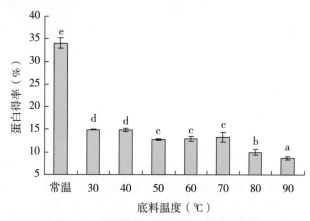

图 2-6 底料温度对蚕蛹蛋白得率的影响

（二）响应面分析优化提取条件及试验结果

以影响显著的单因素指标超声功率（W）、超声时间（min）、浸提的液固比（v/w）和 NaOH 添加量（%）的最佳处理条件为中心点，建立超声协助蚕蛹蛋白浸提组合设计方案（表 2-1）。

表 2-1　超声协助蚕蛹蛋白浸提组合设计方案

水平	X_1	X_2	X_3	X_4
	超声功率（W）	超声时间（min）	液固比（v/w）	NaOH 添加量（%）
-1	300	15	20	0.1
0	400	20	40	0.3
1	500	25	60	0.5

由 Design-Expert 7.0 软件的分析可知，蚕蛹蛋白浸提的中心组合试验共有 29 个处理，其试验结果列于表 2-2。由数据可知，碱提法所得的蚕蛹蛋白提取率为 30.82%~87.03%。采用 Design-Expert 7.0 统计软件对表 2-2 试验数据进行分析，建立响应面的回归模型，进而寻求最优响应值的因素水平。以蛋白得率为响应值，经回归拟合后，各因子对响应值的影响可用下面回归方程表示：蛋白得率（%）= $74.73 - 1.12X_1 + 1.08X_2 + 18.29X_3 + 7.06X_4 - 1.91X_1X_2 - 1.52X_1X_3 - 0.38X_1X_4 + 4.38X_2X_3 - 3.65X_2X_4 - 1.07X_3X_4 - 12.81X_1^2 - 8.93X_2^2 - 5.17X_3^2 - 7.40X_4^2$，式中 X_1、X_2、X_3、X_4 为各因素水平的代码。

表 2-2　超声协助蚕蛹蛋白浸提组合设计试验结果

编号	因素及水平				考察指标
	X_1	X_2	X_3	X_4	蛋白得率（%）
1	300	15	40	0.3	50.57
2	400	15	60	0.3	73.02
3	400	20	40	0.3	73.29
4	500	25	40	0.3	53.48
5	400	15	40	0.1	43.44
6	500	20	40	0.1	34.68
7	400	15	40	0.5	63.37
8	400	15	20	0.3	47.72
9	400	20	40	0.3	73.16
10	300	20	60	0.3	76.22
11	400	25	60	0.3	83.75

（续表）

编号	因素及水平				考察指标
	X_1	X_2	X_3	X_4	蛋白得率（%）
12	400	25	40	0.5	57.71
13	400	20	40	0.3	72.27
14	300	20	40	0.1	37.76
15	500	20	20	0.3	31.95
16	400	20	60	0.1	74.48
17	400	25	20	0.3	42.93
18	400	20	20	0.5	58.86
19	300	25	40	0.3	63.29
20	400	20	40	0.3	75.27
21	300	20	40	0.5	66.55
22	500	20	60	0.3	61.27
23	400	25	40	0.1	44.37
24	400	20	40	0.3	75.64
25	400	20	60	0.5	87.03
26	500	20	40	0.5	51.95
27	300	20	20	0.3	30.82
28	400	20	20	0.1	45.02
29	500	15	40	0.3	58.4

从表2-3可以看出，液料比和 NaOH 添加量对蛋白得率影响显著（$P<0.05$），超声功率和超声时间对蛋白得率影响不显著（$P>0.05$）。此外，各因素对蛋白得率的影响大小依次为：$X_3>X_4>X_1>X_2$。由表2-4可知：回归方程的 $R^2=0.9265$，失拟项不显著（1.0137>0.1000），说明回归方程的拟合程度较好，模型是显著的。回归模型的 F-检验显著，说明所拟合的二次回归方程合适，该模型的预测值和实际值比较接近。

表2-3　回归方程的方差分析

项目	平方和	自由度	均方	F 值	Prob>F	显著性
模型	6266.71	14	447.62	12.6	<0.0001	*
A-超声功率	15.14	1	15.14	0.43	0.5244	
B-超声时间	14.11	1	14.11	0.4	0.5388	
C-料液比	4013.92	1	4013.92	112.97	<0.0001	*
D-NaOH 添加量	598.12	1	598.12	16.83	0.0011	*

（续表）

项目	平方和	自由度	均方	F 值	Prob>F	显著性
AB	14.59	1	14.59	0.41	0.032	*
AC	9.24	1	9.24	0.26	0.618	
AD	0.58	1	0.58	0.016	0.900 4	
BC	76.74	1	76.74	2.16	0.163 8	
BD	53.22	1	53.22	1.5	0.241 2	
CD	4.6	1	4.6	0.13	0.724 3	
A^2	1 065.04	1	1 065.04	29.97	<0.000 1	*
B^2	516.69	1	516.69	14.54	0.001 9	*
C^2	173.55	1	173.55	4.88	0.044 3	*
D^2	355.57	1	355.57	10.01	0.006 9	*
残差	497.44	14	35.53			
失拟项	481.73	10	48.17	12.27	1.013 7	
净误差	15.71	4	3.93			
校正项	6 764.15	28				

注："Prob>F"<0.050 0 表示显著；"Prob>F">0.100 0 表示不显著

对超声协助制备蚕蛹蛋白的蛋白得率模型进行数学分析，优化出最佳处理条件为超声功率 391 W、超声时间 20.1 min、浸提的液固比（v/w）59.4∶1 和 NaOH 添加量 0.308%，所得到蛋白得率为 87.97%考虑到具体实验的可操作性，本研究选择超声功率 400 W、超声时间 20 min、浸提的液固比（v/w）60∶1 和 NaOH 添加量 0.3%，采用上述条件对上述模型进行验证，测定得到的蛋白得率为 88.14%，验证试验结果与理论预测值接近，证明优化结果可信，具有实用价值。

表 2-4　模型分析

指标	标准差	均数	离散系数	R^2	调整 R^2
结果	5.96	60.53	11.74	0.926 5	0.952 9

二、蚕蛹蛋白的主要化学指标

超声协助制备蚕蛹蛋白的蛋白及粗脂肪含量如表 2-5 所示。利用优化工艺制备的蚕蛹蛋白的粗蛋白含量达 92.30%，粗脂肪和灰分含量均很低，外观淡黄，无蛹臭味。

表 2-5　蚕蛹蛋白及原料（脱脂蚕蛹粉）的主要成分分析ᵃ　　（单位:%）

主成分	脱脂蚕蛹粉组成	蚕蛹蛋白组成
蛋白	62.73±1.19	92.30±1.27
水分	7.19±0.12	4.19±0.59
灰分	2.36±0.23	0.36±0.05
脂肪	0.13±0.09	nd

各数值均为占干重的比重：平均值±SD，SD 为标准偏差；$n=3$；nd：未检出

制备的蚕蛹蛋白和脱脂蚕蛹粉的氨基酸含量，以及参考蛋白鸡蛋的氨基酸含量的比较见表 2-6。

表 2-6　蚕蛹蛋白和脱脂蚕蛹粉中氨基酸组成　　（单位：mg/g）

	氨基酸	蚕蛹蛋白	脱脂蚕蛹粉	鸡蛋
	His	21.7	24.3	20.9
	Ile	40.1	34.8	48.8
	Leu	66.6	54.2	81.1
	Lys	69.6	70.2	65.9
EAA	Met	29.9	22.5	28.1
	Phe	60.1	45.3	48.2
	Thr	39.6	47.3	44.7
	Trp	13.5	9.0	17.2
	Val	51.9	49.9	54.2
	Asp	96.4	110.4	89.2
	Ser	52.1	48.0	67.2
	Tyr	66.7	56.2	38.1
	Cys	nd	nd	19
NEAA	Glu	106.2	101.6	121.3
	Gly	59.1	47.0	30.2
	Ala	62.9	58.0	50.3
	Arg	49.1	98.4	57.0
	Pro	25.4	42.0	33.8
TEAA		393.0	357.5	409.1
TNEAA		547.9	561.6	506.1
TAA		910.9	919.1	915.2
TEAA/TNEAA		0.76	0.6	0.8
TEAA/TAA		43.2%	38.9%	44.7%

注：EAA. 必需氨基酸；NEAA. 非必需氨基酸；TEAA. 必需氨基酸总量；TNEAA. 非必需氨基酸总量；TAA. 氨基酸总量

脱脂蚕蛹粉中必需氨基酸与非必需氨基酸的比值以及必需氨基酸占总氨基酸含量和鸡蛋相比稍低。但制备的蚕蛹蛋白中的必需氨基酸与非必需氨基酸的比值、必需氨基酸占总氨基酸的含量，与鸡蛋相比相似。这可能是超声协助碱法制备的可溶性蛋白中的必需氨基酸含量较高。制备的蚕蛹蛋白和脱脂蚕蛹粉均含有 8 种必需氨基酸，除色氨酸外的其他 7 种必需氨基酸含量均符合 FAO/WHO 推荐标准。非必需氨基酸中，天冬氨酸、谷氨酸和酪氨酸的含量最高。天冬氨酸是三羧酸循环中的重要成分，对改进和维持脑功能必不可少。谷氨酰胺在剧烈运动、受伤、感染等应激情况下，是促进伤口愈合的必需氨基酸。酪氨酸对处于高度紧张、严寒、疲惫、长时间工作、缺乏睡眠的人群有帮助，可以降低造成紧张的激素水平，减少高度紧张导致的体重下降（动物实验），提高体力状态和认知水平（人类实验）。

三、蚕蛹蛋白加工特性研究

蛋白质不仅要具备较高、较全面的营养价值外，还要在食品加工中表现出良好的加工特性，加工特性在很大程度上决定了蛋白质在食品中的应用。因此，蚕蛹蛋白的规模化应用也需要其良好的加工特性。

（一）溶解性

蛋白质的溶解性是指在蛋白质—蛋白质和蛋白质—溶剂相互作用之间平衡的热力学问题。蚕蛹分级蛋白质溶解性测定结果如图 2-7 所示。

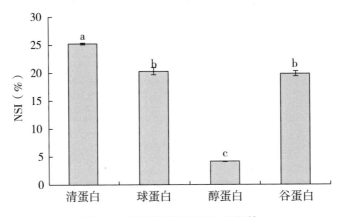

图 2-7　蚕蛹四种分级蛋白溶解性

蚕蛹四种分级蛋白的溶解性存在不同程度的差异，其中清蛋白的氮溶解指数最高为 25.28%，球蛋白和谷蛋白无显著性差异，醇溶蛋白最低为 4.29%。因此，清蛋白、球蛋白、谷蛋白3种蛋白作为功能性的食品配料具有可行性。

（二）持水性

蛋白的持水性是蛋白分子在有限水环境中与水结合的能力，在食品加工中非常重要，可影响食品质地、口感等特性。

结果如图2-8所示，蚕蛹四种分离蛋白：清蛋白、球蛋白、醇溶蛋白和谷蛋白的持水性分别为246.8%、49.8%、22.47%、587.4%。蛋白持水性之间存在显著差异。这主要是与蛋白质结合水发生的氢键作用和离子化基团结合水的能力有关。谷蛋白和清蛋白的持水性较好。

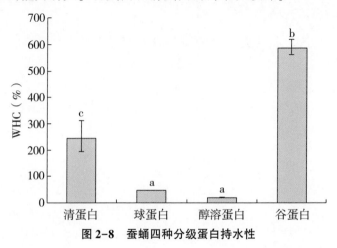

图2-8 蚕蛹四种分级蛋白持水性

（三）持油性

持油性在食品加工中也非常重要，因为它影响乳化能力，在提高口感、保持风味中起着重要的作用。持油性测定结果如图2-9所示，清蛋白、球

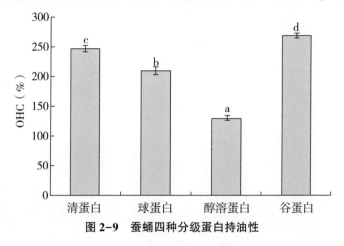

图2-9 蚕蛹四种分级蛋白持油性

蛋白、醇溶蛋白和谷蛋白的持油性分别为 246.99%、210.25%、131.07%、268.49%，四者之间存在显著差异，其中谷蛋白和清蛋白在保持油脂和保留风味等方面特性较好。

（四）起泡性及泡沫稳定性

蛋白质的起泡性是指它在气—液界面形成坚韧的薄膜，使大量气泡并入和稳定的能力。

蚕蛹四种分级蛋白的起泡性结果如图 2-10 所示，清蛋白、球蛋白、醇溶蛋白、谷蛋白发泡能力分别为 63.31%、28.63%、3.95%、28.36%，清蛋白起泡性最好，球蛋白与谷蛋白之间无显著差异；泡沫稳定性结果表明：谷蛋白（80.91%）>清蛋白（65.74%）>球蛋白（36.73%）>醇溶蛋白（10%），四者之间存在显著差异。起泡性是蛋白质的一项重要功能性质，是蛋糕、面包、冰淇淋等食品加工过程中非常重要的质量控制指标，清蛋白由于具有较好的溶解性，溶液中有效的蛋白浓度较大，因此吸附到气-液界面上的蛋白质分子较多，有利于界面性质的发挥，所以其起泡性最高，醇溶蛋白由于溶解性较差，起泡性较低。

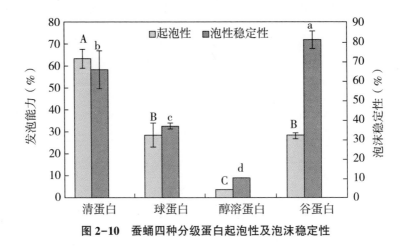

图 2-10　蚕蛹四种分级蛋白起泡性及泡沫稳定性

（五）乳化性及乳化稳定性

蛋白质分子同时含有亲水性和亲油性基团，在油水混合液中可以扩散到油水界面形成油水乳化液，蛋白质的乳化性与溶解性、表面疏水性以及表面电荷分布相关。乳化活性是指蛋白质在促进油水混合时，单位质量的蛋白质（g）能够稳定的油水界面的面积（m²）。乳化稳定性是指蛋白质维持油水混合不分离的乳化特性对外界条件的抗应变能力。蚕蛹分级蛋白乳化性结果如图 2-11 所示，清蛋白、球蛋白、醇溶蛋白、谷蛋白乳化性存在不同程度的差异，分别为 16.45、9.15、5.90、13.05m²/g；乳化稳定性分别为 21.42、21.15、13.50、50.51 m²/（g·min），其中清蛋白的乳化性最高，醇溶蛋白因为其低溶解性导致乳化性和乳化稳定性在各蛋白组分中也最低。

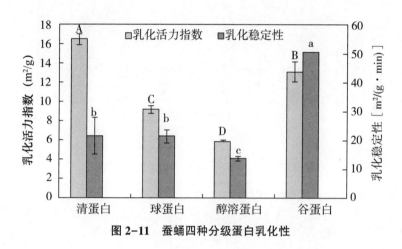

图 2-11　蚕蛹四种分级蛋白乳化性

（六）感官评价

对蚕蛹四种分级蛋白进行感官评定，结果如表 2-7 所示，清蛋白得率最好达 14.40g/100g 原料，谷蛋白次之，醇溶蛋白和球蛋白较差。醇溶蛋白和谷蛋白气味较好，无腥味，如图 2-12 所示醇溶蛋白色泽较好，清蛋白和球蛋白为蓬松粉末状，醇溶蛋白和谷蛋白为粉末状。

表 2-7　四种蛋白感官评价

种类	得率（g/100 g）	气味	色泽	形状
清蛋白	14.40	较淡腥味	鲜亮黄褐色	蓬松粉末
球蛋白	0.83	较淡腥味	深褐色	蓬松粉末
醇溶蛋白	2.09	无腥味	白色	粉末
谷蛋白	8.11	无腥味	乳黄色	粉末

综合考虑得率、加工特性，初步筛选得出清蛋白和谷蛋白是优势蛋白，

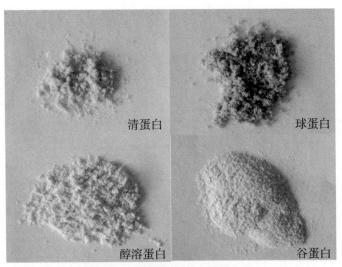

清蛋白　　　　球蛋白

醇溶蛋白　　　　谷蛋白

图 2-12　蚕蛹四种分级蛋白色泽

仍需要改性优化获得加工特性良好的蛋白。

四、蚕蛹蛋白酶解改性

(一) 溶解性

蛋白质要有好的功能特性，就必须有较高的溶解性。图 2-13 结果表明：与对照相比，适当的酶解有助于改善蚕蛹蛋白的溶解性。

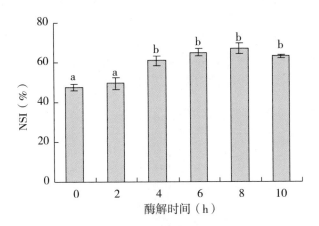

图 2-13　不同反应时间对酶解产物溶解性的影响

（二）乳化性

图 2-14 结果表明：适当的酶解能够适当的改善蚕蛹蛋白的乳化活性，随着酶解时间的继续延长，蚕蛹蛋白的乳化活性开始降低，当水解时间达到 10 h 时，蚕蛹蛋白的乳化性低于未经过处理的蛋白本身，这可能因为过度的酶解生成了大量的小分子肽，不利于乳浊液的形成及稳定。

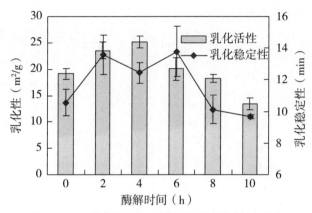

图 2-14　不同反应时间对酶解产物溶解性的影响

（三）分子量分布

在日常生活中，部分人群食用蚕蛹会引起不同程度的过敏，临床表现为头晕、头痛、恶心、呕吐、震颤、意识障碍、哮喘甚至威胁生命。本研究通过酶解手段将大分子的蚕蛹蛋白变成小分子的肽或者氨基酸，就能从根本上解决蚕蛹蛋白致敏性的问题。将蚕蛹蛋白适当的酶解，产物的分子量发生不同程度的变化，具体结果见表 2-8。结果表明，蚕蛹蛋白经过酶解 2 h 后，产物有 99.98% 的分子量小于 10 kDa，也就是说几乎没有分子量 10 kDa 以上的肽段存在，这也就从理论上解决了蚕蛹蛋白的致敏性问题。

表 2-8　不同反应时间对酶解产物分子量分布的影响　　　　（单位:%）

酶解时间	10 k~5 kDa	5 k~3 kDa	3 k~1 kDa	<1 kDa	<10 kDa（总计）
2 h	26.93	42.97	22.53	7.55	99.98
4 h	25.45	38.92	25.35	10.26	99.98
6 h	18.46	36.77	30.89	12.88	99.00
8 h	15.85	32.99	35.55	15.6	99.99
10 h	13.25	31.24	38.01	17.48	99.98

五、蚕蛹蛋白的超声改性研究

（一）清蛋白超声波改性条件的优化

溶解性是影响蛋白加工特性的主要指标，试验中溶解性的大小对乳化性、起泡性、起泡稳定性具有一定的影响，本研究以溶解性为指标评价蛋白超声改性效果。

1. 超声功率对清蛋白溶解性的影响

由图 2-15 可知，随着超声功率的增加，蛋白溶解性呈现先升高后降低的趋势；在 500 W 时蛋白溶解性达到最高（36.77%）。随着功率增大，超声波声强增大，蛋白质溶液受到的负压也随之增大，水分子间平均距离就会增大，超过极限距离后，就会破坏蛋白质结构的完整性，造成空穴使得蛋白质分子的结构变得疏松，蛋白溶解性得到提高。功率继续增大，蛋白质结构进一步被破坏，超声波显现出强烈的机械性断键作用，不溶性蛋白质含量增多，蛋白溶解性随之降低，试验结果表明超声波功率为 300~500 W 时可有效提高蚕蛹清蛋白的溶解性。

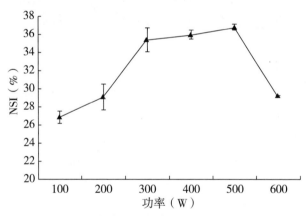

图 2-15　超声功率对清蛋白溶解性的影响

2. 超声时间对清蛋白溶解性的影响

由图 2-16 可知，蛋白溶解性在超声时间为 3~9 min 呈增长趋势，在 9 min 时达到溶解性最大值 45.52%。9 min 后随着时间增加，溶解性下降，处理 12~15 min 时下降平缓。在超声波的作用下，随着超声时间继续延长，蛋白质结构进一步被破坏，不溶性蛋白质含量增多，溶解性随之降低，试验结果表明：超声时间为 6~12 min 时可显著改善清蛋白的溶解性。

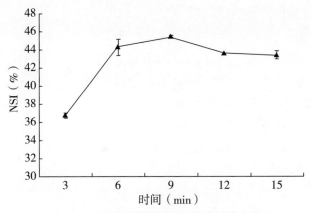

图 2-16　超声时间对清蛋白溶解性的影响

3. 超声改性对不同浓度清蛋白溶液溶解性的影响

超声改性对不同浓度蛋白溶液的溶解性效果存在显著影响。从图 2-17 可知，在浓度 0.2%~0.5%，清蛋白的溶解性有显著改善，在 0.5% 时溶解性达到最大（56.27%），浓度继续增大时，溶解性无显著增加。当浓度逐渐增大时，超声波的空化作用增强，蛋白质分子的结构变得疏松使疏水性多肽部分展开朝向脂质而极性部分朝向水相，导致蛋白溶解性增强，当浓度继续增大时，在相等时间内，超声波空化作用减弱，蛋白质分子结构改变变小，可溶性蛋白减少，溶解性下降。试验结果表明清蛋白浓度在 0.4%~0.6% 范围内，超声波对清蛋白溶解性具有较好的改善作用。

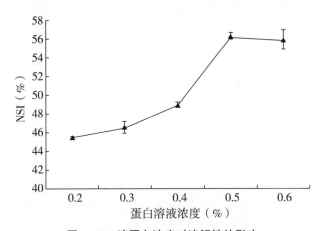

图 2-17　清蛋白浓度对溶解性的影响

4. 正交试验设计及验证试验

为了研究各因素对清蛋白溶解性的影响，在单因素试验基础上，分别对超声功率、超声时间、清蛋白溶液浓度三因素取合理的 3 个水平分别为 400~600 W、6~12 min、0.4%~0.6%，以蛋白溶解性为指标，对超声改性条件进行优化，正交试验结果如表 2-9 所示。超声改性对清蛋白溶解性影响的因素作用大小依次为超声时间>超声功率>清蛋白溶液浓度，最佳工艺参数组合为：超声时间9 min、超声功率 500 W、蛋白溶液浓度 0.5%，该条件下可获得清蛋白超声改性最佳效果。

表 2-9　正交试验结果

试验号	超声功率（W）	超声时间（min）	清蛋白溶液浓度（%）	空白	蛋白溶解性（%）
1	1	1	1	1	40.5
2	1	2	2	2	47.1
3	1	3	3	3	42.1
4	2	1	2	3	47.4
5	2	2	3	1	54.0
6	2	3	1	2	45.4
7	3	1	3	2	45.1
8	3	2	1	3	49.6
9	3	3	2	1	46.7
K_1	43.233	44.333	45.167	47.067	
K_2	48.933	50.233	47.067	45.867	
K_3	47.133	44.733	47.067	46.367	
R	5.7	5.9	1.9	1.2	

表 2-10 方差分析结果表明，超声功率和超声时间对清蛋白溶解性影响显著（$F_比 > F_{临界值}$），而其他因素对清蛋白溶解性影响不显著，即超声功率和超声时间为清蛋白改性的关键因素。在较优参数组合条件下进行 3 次验证试验，超声改性的清蛋白的溶解性为 55.83%、56.09%、56.91%，具有较高的蛋白溶解性。

表 2-10　方差分析结果

因素	偏差平方和	自由度	$F_比$	$F_{临界值}$	显著性
超声功率	50.94	2	23.367	19	*
超声时间	65.22	2	29.917	19	*
清蛋白溶液浓度	7.22	2	3.312	19	

（二）谷蛋白超声波改性条件的优化

1. 超声功率对谷蛋白溶解性的影响

由图 2-18 可知，超声波功率在 100～400 W 时，随着功率增大，蛋白溶解性逐渐增大，在 400 W 时蛋白溶解性达到最高为 64.02%，而后随着功率继续增大，溶解性开始降低，主要是由于当功率增大时，超声波声强增大，蛋白质溶液受到的负压也随之增大，水分子间平均距离就会增大，超过极限距离后，就会破坏蛋白质结构的完整性，造成空穴，蛋白质分子的结构变得疏松，蛋白溶解性得到提高，功率继续增大，蛋白质结构进一步被破坏，超声波显现出强烈的机械性断键作用，不溶性蛋白质含量增多，蛋白溶解性随之降低，试验结果表明超声波功率为 300～500 W 时可有效提高蚕蛹谷蛋白的溶解性。

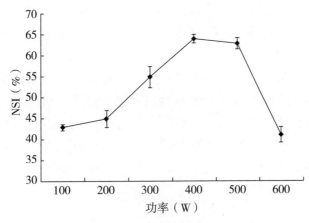

图 2-18　超声功率对谷蛋白溶解性的影响

2. 超声时间对谷蛋白溶解性的影响

由图 2-19 可知，蛋白溶解性随着超声时间的延长，呈现先升高后降低趋于平稳的状态，在 6 min 时溶解性达到最高为 66.25%，在 6 min 之后呈降低趋于平稳趋势。可能是由于在超声波的作用下，蛋白质分子的结构变得疏松，使疏水性多肽部分展开朝向脂质，极性部分朝向水相。时间延长，蛋白质结构进一步被破坏，出现不溶性蛋白质，溶解性随之降低，时间继续延长，蛋白质趋于稳态环境，溶解性变化不大。试验结果表明，超声时间为 3～9 min 时可显著改善谷蛋白的溶解性。

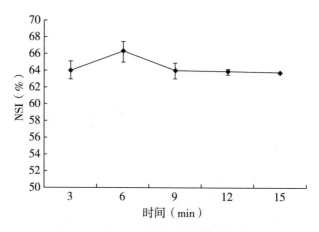

图 2-19　超声时间对谷蛋白溶解性的影响

3. 超声改性对不同浓度谷蛋白溶液溶解性的影响

从图 2-20 可知，随着谷蛋白浓度的增大，超声改性使蛋白溶解性呈现先升高后降低的状态，在浓度为 0.3% 时溶解性达到最高 66.51%，主要原因是当浓度逐渐增大时，超声波的空化作用增强，蛋白质分子的结构变得疏松，使疏水性多肽部分展开朝向脂质而极性部分朝向水相，导致蛋白溶解性增强，当浓度继续增大时，在相等时间内，超声波空化作用减弱，蛋白质分子结构改变变小，可溶性蛋白减少，溶解性下降。试验结果表明谷蛋白浓度在 0.2%～0.4% 范围内，超声波对谷蛋白溶解性具有较好的改善作用。

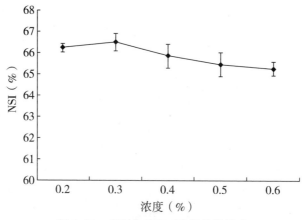

图 2-20　谷蛋白浓度对溶解性的影响

4. 正交试验设计及验证试验

在单因素试验基础上，分别对超声功率、超声时间、谷蛋白溶液浓度三因素取合理的三个水平分别为 300~500 W、3~9 min、0.2%~0.4%，以蛋白溶解性为指标，对超声改性条件进行优化，正交试验结果如表 2-11 所示。对表 2-11 的正交试验结果进行直观分析可知，超声改性对谷蛋白溶解性影响作用的因素作用依次为超声功率>超声时间>谷蛋白溶液浓度；最佳的工艺条件为：超声功率 400 W、超声时间 9 min、谷蛋白溶液浓度 0.3%。

表 2-11　正交试验结果

试验号	超声功率 （W）	超声时间 （min）	谷蛋白溶液 （%）	CK	谷蛋白溶解性 （%）
1	1	1	1	1	56.71
2	1	2	2	2	59.15
3	1	3	3	3	61.23
4	2	1	2	3	66.51
5	2	2	3	1	65.78
6	2	3	1	2	65.49
7	3	1	3	2	60.79
8	3	2	1	3	61.59
9	3	3	2	1	63.21
K_1	59.03	61.337	61.263	61.9	
K_2	65.927	62.173	62.957	61.81	
K_3	61.863	63.31	62.6	63.11	
R	6.897	1.973	1.694	1.3	

表 2-12 方差分析结果表明，超声功率对谷蛋白溶解性影响显著（$F_{比}$>$F_{临界值}$），而其他因素对谷蛋白溶解性影响不显著，即超声功率为谷蛋白改性的关键因素。在较优参数组合条件下进行 3 次验证实验，超声改性的谷蛋白的溶解性为 67.74%、67.49%、66.91%，优于正交试验的结果，因此超声改性条件方案较好。

表 2-12　方差分析结果

因素	偏差平方和	自由度	$F_{比}$	$F_{临界值}$	显著性
超声功率	72.102	2	22.803	19	*
超声时间	5.886	2	1.861	19	
谷蛋白溶液浓度	4.781	2	1.512	19	

（三）超声改性对清蛋白、谷蛋白加工特性的影响

对上述最优改性工艺条件下获得样品进行起泡性、乳化性、持水性、

持油性等加工特性测定，结果如表 2-13 所示。结果表明：超声改性对清蛋白、谷蛋白各项加工特性均有不同程度的提高。

表 2-13　改性最优工艺下清蛋白和谷蛋白加工特性结果

蛋白功能特性	提升率（%）	
	清蛋白	谷蛋白
溶解性	83.07	87.18
持水性	94.21	9.21
持油性	63.27	64.93
起泡性	16.43	65.34
泡沫稳定性	5.13	8.45
乳化性	62.55	91.42
乳化稳定性	70.26	30.25

六、小结

（1）试验得到的超声协助碱法制备蚕蛹蛋白的数学模型，碱法制备蚕蛹蛋白的浸提条件中，液固比（v/w）及 NaOH 浓度对蚕蛹蛋白提取率影响显著。

（2）蚕蛹蛋白浸提的最佳工艺条件为：超声功率 400 W，超声时间 20 min，浸提液固比（v/w）60∶1，NaOH 浓度 0.3%。在此工艺条件下浸提，蛋白提取率的实测值为 85.69%。

（3）制备的蚕蛹蛋白中的氨基酸种类齐全，必需氨基酸含量丰富，符合 FAO/WHO 推荐标准。蚕蛹蛋白经过酶解处理，溶解性和乳化性显著改善，产物分子均在 10 kDa 以下，脱除了蚕蛹蛋白的致敏性，可以作为食品基料使用。

第二节　蚕蛹的抗氧化性研究

一、酶种类对酶解产物抗氧化活性的影响

（一）体外细胞抗氧化能力（cellular antioxidant activity，CAA）

图 2-21 表明：不同蛋白酶酶解蚕蛹蛋白所得产物的细胞抗氧化能力之间有所差异。其中以 Neutrase 酶解产物的细胞抗氧化活性最高〔（22.19±2.73）μmolQE/g〕，其次是 Protamex 和 Flavourzyme 酶，其酶解产物约

为17 μmolQE/g，Papain 酶解产物的细胞抗氧化活性最低〔（5.88±
0.44）μmolQE/g〕。蚕蛹蛋白的细胞抗氧化活性与酶解所用蛋白酶的种
类有关，不同蛋白酶的酶切位点不同，导致酶解所产生的肽链长度和氨
基酸组成及序列都会有所差异，从而导致不同蛋白酶酶解蚕蛹蛋白所得
产物的细胞抗氧化能力之间有所差异。

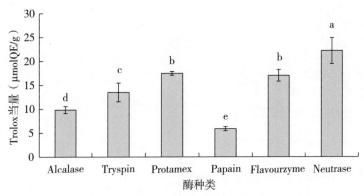

图 2-21　酶解产物的细胞抗氧化能力

（二）氧自由基吸收能力（oxygen radical absorbance capacity，
ORAC）

图 2-22 表明：不同酶解产物中抑制氢转移的有效肽段或氨基酸含
量有很大差异。在相同酶解条件下，Neutrase 酶解产物对氧自由基的吸
收能力最强，Alcalase、Tryspin、Papain 酶解产物对氧自由基的吸收能
力较弱，三者之间没有显著性差异（$P<0.05$）。

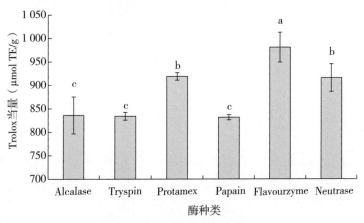

图 2-22　氧自由基吸收能力

（三）还原能力（ferric ion reducing antioxidant power，FRAP）

图 2-23 表明：在相同酶解条件下，Alcalase、Papain 酶解产物对 Fe^{3+} 的还原能力较弱，Neutrase 酶解产物对 Fe^{3+} 的还原能力最强，Trypsin、Protamex、Flavourzyme 酶解产物对 Fe^{3+} 的还原能力次于 Neutrase 酶，三者之间没有显著差异（$P<0.05$）。

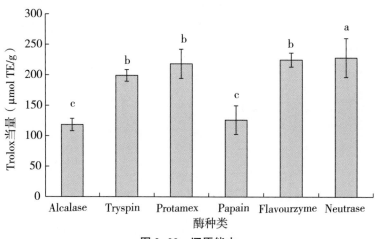

图 2-23　还原能力

（四）DPPH 自由基清除能力

图 2-24 表明：在相同酶解条件下，不同酶解产物对 DPPH 的清除能力有显著性差异（$P<0.05$），Alcalase、Papain 酶解产物对 DPPH 的清除能力最弱，而 Neutrase、Flavourzyme 酶解产物对 DPPH 的清除能力较强。

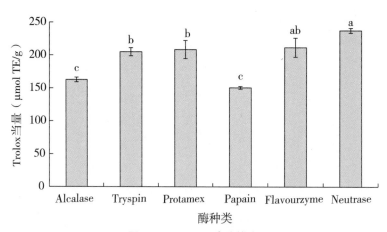

图 2-24　DPPH 清除能力

（五）酶解产物的总抗氧化能力分析

为了解各种酶解产物的综合抗氧化能力，运用 SPSS 软件对六种酶解产物的总抗氧化能力进行主成分分析。由表 2-14 可以看出，CAA、FRAP、DPPH 3 个指标具有很强的相关性，因此可以使用主成分分析方法进行分析。表 2-15 表明，只有第一主成分的特征值 3.514>1，且其方差贡献率 87.840%>85%，因此选第一个主成分来描述样品的总抗氧化能力，通过因子载荷矩阵和其对应的特征值，算出其特征向量，由此得出其主成分表达式为 $F = 0.446ORAC^* + 0.515FRAP^* + 0.518DPPH^* + 0.516CAA^*$，由此算出各种酶解产物的主成分得分见表 2-16，各酶解产物的主成分得分从大到小依次是 Neutrase>Flavourzyme>Protamex>Trypsin>Alcalase>Papain，即 Neutrase 酶解产物（NH）的总抗氧化能力最好。

表 2-14　不同酶解产物各抗氧化指标的相关系数

相关系数	ORAC	FRAP	DPPH	CAA
ORAC	1.000			
FRAP	0.671	1.000		
DPPH	0.768	0.952	1.000	
CAA	0.730	0.974	0.909	1.000

表 2-15　特征值和贡献率

成份	初始特征值	方差的（%）	累积（%）
1	3.514	87.840	87.840
2	0.392	9.791	97.630
3	0.089	2.220	99.850
4	0.006	0.150	100.000

二、水解度（DH）对酶解产物抗氧化活性的影响

表 2-16 结果表明：Neutrase、Flavourzyme、Protamex、Trypsin、Papain、Alcalase 酶解产物中，以 Neutrase 酶解产物（NHs）的总抗氧化能力最好。在进一步的研究中，对不同 DH（0%、5%、10%、15%、20%、25%）的 NHs 的抗氧化能力进行了相关研究。

表 2-16　不同酶解产物的主成分得分

Alcalase	Trypsin	Protamex	Papain	Flavourzyme	Neutrase
-1.98	-0.17	1.05	-2.47	1.57	2.00

（一）氧自由基吸收能力（ORAC）

ORAC 法是基于物质供氢能力的一种测定方法，能反映物质在体内的相关作用。图 2-25 表明：与蚕蛹蛋白（SPP，DH＝0%）相比，NHs 对氧自由基的吸收能力均有不同程度的提升，但随 DH 的增加，其对氧自由基的吸收能力先升高后降低。可能是低度酶解暴露了 SPP 中促进氢原子转移的活性肽段，但随着 DH 的增大，先前产生的有效肽段被进一步水解而失去活性。DH＝10%时，NH 对氧自由基的吸收能力最高（781±2.6 μmolTE/g），且与其他 DH 的样品存在显著性差异（P<0.05）。

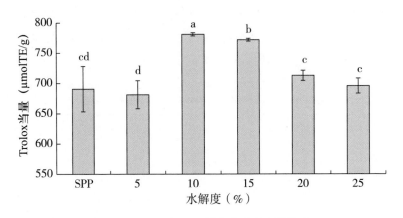

图 2-25　SPP 和 NHs 的氧自由基吸收能力

（二）体外细胞抗氧化活性（cellular antioxidant activity，CAA）

图 2-26 表明：与 SPP（DH＝0%）相比，不同 DH 的酶解产物对体外

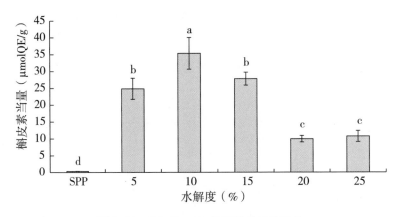

图 2-26　SPP 和 NHs 的细胞抗氧化活性

细胞的抗氧化活性均显著升高（$P<0.05$），且与其对氧自由基的吸收能力随 DH 变化均呈现先升高后降低的趋势，推测可能是适度酶解能够暴露出活性肽段，而随 DH 增大进一步水解又破坏了活性肽段结构从而使其活性降低。NH 的细胞抗氧化能力在 DH 为 10%时是最高的［（35±4.6）μmolQE/g］。

（三）铁离子还原能力（FRAP）

图 2-27 表明：与 SPP（DH=0%）相比，NHs 对 Fe^{3+} 的还原能力均有显著下降，且随 DH 增大而显著降低。本研究中 DH=5%时，NH 对 Fe^{3+} 的还原能力为［（684.31±23.6）μmolTE/g］，略低于 SPP，随 DH 增加，还原能力继续下降，但当 DH=25%时，NH 仍具有良好的还原能力［（412.27±20.4）μmolTE/g］。

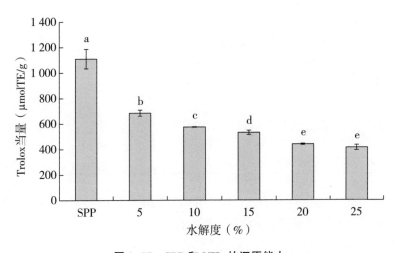

图 2-27　SPP 和 NHs 的还原能力

（四）DPPH 清除能力

图 2-28 表明：与 SPP（DH=0%）相比，不同 DH 的 NHs 对 DPPH 自由基的清除能力均显著降低（$P<0.05$），可能是由于酶解破坏了 SPP 中能够与 DPPH 自由基配对的活性基团或部位。但 NH 对 DPPH 自由基的清除率最低时（DH=25%）约为 40%，仍具有良好的 DPPH 清除能力。SPPHs 主要是多肽类物质和氨基酸等，其对 DPPH 自由基的清除作用与其所含的氨基酸组成及序列有关。

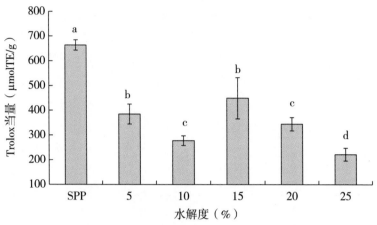

图 2-28　SPP 和 NHs 的 DPPH 自由基清除能力

（五）酶解产物的总抗氧化能力分析

表 2-17　SPP 和 NHs 各抗氧化指标的相关系数

相关系数	ORAC	FRAP	DPPH	CAA
ORAC	1.000			
FRAP	−0.532	1.000		
DPPH	−0.417	0.883	1.000	
CAA	0.625	−0.186	−0.195	1.000

就同一抗氧化指标而言，不同 DH 的酶解产物的抗氧化能力有很大差异，但相同 DH 的酶解产物的不同抗氧化表征之间也有所差异。表 2-17 结果表明：通过对 6 种酶解产物的总抗氧化能力进行主成分分析，发现指标之间具有很强的相关性。

表 2-18　特征值和贡献率

成分	初始特征值	方差的（%）	累积（%）
1	2.749	68.723	68.723
2	0.940	23.500	92.224
3	0.244	6.109	98.333
4	0.067	1.667	100.000

表 2-18 表明：有两个主成分的特征值>1，因此选前两个主成分来描述样品的总抗氧化能力，通过因子载荷矩阵和其对应的特征值，算出其特征向量，由此得出其主成分表达式为 $F_1 = -0.515\ ORAC^* + 0.56\ FRAP^* +$

0.536 DPPH* − 0.364 CAA*，F_2 = 0.39 ORAC* + 0.398 FRAP* + 0.437 DPPH* +0.706 CAA*。由此算出的两个主成分得分最高的分别是 SPP 和 DH 为 15% 的 NH（表 2−19）。这说明酶解在一定程度上降低了蚕蛹蛋白的抗氧化活性，但适度酶解能够获得一定具有良好抗氧化能力的活性多肽。

表 2−19 SPP 和 NHs 的主成分得分

样品	SPP	5%	10%	15%	20%	25%
主成分 1 得分	2.99	0.13	−1.49	−0.90	−0.22	−0.51
主成分 2 得分	0.33	0.47	0.73	1.09	−1.04	−1.57

三、小结

SPPHs 具有良好的抗氧化活性，但不同蛋白酶的酶解产物其抗氧化活性均有所差异，这可能是不同蛋白酶的酶切位点不同，酶解所产生的肽段的氨基酸组成及序列和结构不同所致。酶解可能会破坏原有效肽链，也可能产生新的抗氧化肽链，降低了蚕蛹蛋白的还原能力及其对 DPPH 自由基的清除能力，却使其对氧自由基的吸收能力和体外细胞抗氧化能力增强。随 DH 的增加，NHs 的抗氧化活性基本呈规律性变化，其中还原能力和清除 DPPH 自由基的能力随 DH 增加而显著降低，氧自由基的吸收能力和体外细胞抗氧化能力随 DH 增加先升高后显著降低，可能是它们的抗氧化机理不同所致。

通过酶解的方式水解 SPP，可以得到具有抗氧化活性的肽类，而且 NH 的抗氧化活性最好，但不是 DH 越高越好。

第三节 蚕蛹蛋白抑制肿瘤细胞增殖的活性研究

一、蚕蛹蛋白酶解产物对肿瘤细胞的抑制增殖选择性

蚕蛹蛋白酶解产物对 HepG−2、A549 和 MGC−803 细胞体外增殖均有一定的影响。由图 2−29 可知，在试验浓度范围（0.10～0.30 mg/ml）内，酶解产物对 HepG−2 细胞的体外增殖均具有很强的促进作用；其中 Alcalase、Neutrase、Flavourzyme 和 Protamex 的酶解产物对 HepG−2 细胞的体外增殖的促进作用随浓度的增加先增强后减弱，Papain 酶解产物对 HepG−2 细胞的

体外增殖的促进作用随浓度的增加而减弱，Trypsin 酶解产物在高浓度（0.20~0.30 mg/ml）时表现出微弱的抑制作用。不同酶解产物对 HepG-2 细胞体外增殖的影响不同，可能与酶解产物所含的主要肽段及其所暴露的氨基酸残基有关。

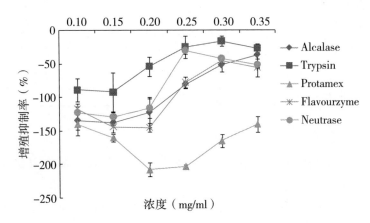

图 2-29　SPPHs 对 HepG-2 细胞的增殖抑制率

图 2-30 结果表明：Alcalase、Trypsin、Papain、Neutrase 和 Flavourzyme 的酶解产物在试验浓度范围（0.10~0.30 mg/ml）内对 A549 细胞的体外增殖均具有一定的促进作用，Protamex 酶解产物在高浓度（0.20~0.30 mg/ml）时表现出微弱的抑制作用。

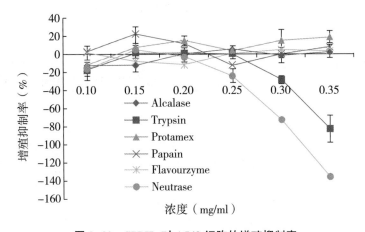

图 2-30　SPPHs 对 A549 细胞的增殖抑制率

图 2-31 结果表明：在试验浓度范围（0.10~0.30 mg/ml）内，Alcalase、Trypsin、Papain、Protamex 、Neutrase 和 Flavourzyme 的酶解产物对 MGC-803 细胞的体外增殖均具有强烈的抑制作用，且抑制率与浓度呈现一定的量效关系。其中，Alcalase 酶解产物的抑制活性最高，浓度为 0.30 mg/ml 时抑制率达到 96%。

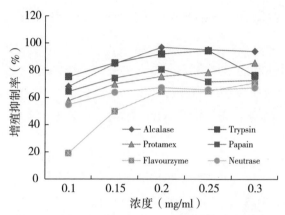

图 2-31　SPPHs 对 MGC-803 细胞的增殖抑制率

二、蚕蛹蛋白抗肿瘤活性肽的制备

不同 DH 的 AH 的抑制肿瘤细胞增殖活性如图 2-32 所示，结果表明：

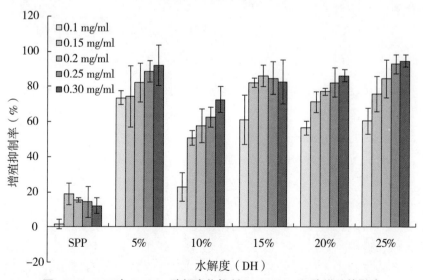

图 2-32　DH 对 Alcalase 酶解产物抑制 MGC-803 细胞增殖的影响

不同 DH 的 AH 在 0.1~0.30 mg/ml 浓度范围内，其对 MGC-803 细胞的增殖抑制率均远远高于未酶解的蚕蛹蛋白（SPP，DH=0%），且随 DH 增加，抑制率也在增加，相同浓度的 AH 以 DH=25% 组分的增殖抑制率为最高。在进一步的研究中，将对 25% 的 Alcalase 酶解产物进行分离分级，以探究蚕蛹蛋白酶解产物的分子量对其活性的影响。

三、蚕蛹蛋白抗肿瘤活性酶解产物的分离纯化

超滤和葡聚糖凝胶层析、离子交换层析、反相高效液相色谱等是酶解产物分离纯化活性肽的常用方法。本研究采用分级超滤和葡聚糖凝胶（G-25）层析对蚕蛹蛋白酶解产物进行初步分离纯化。

（一）超滤组分抑制 MGC-803 细胞增殖活性的研究

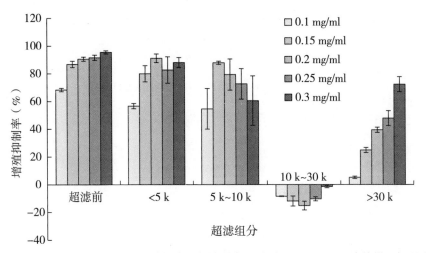

图 2-33　DH=25% 的 Alcalase 酶解产物超滤后各组分对 MGC-803 细胞的增殖抑制率

对超滤后的 4 个组分进行抑制肿瘤细胞增殖活性研究发现：与超滤前相比，超滤后各组分对 MGC-803 细胞的增殖抑制率略有下降，且各组分对 MGC-803 细胞的增殖抑制作用有很大差异，其中 10 k~30 k 的组分不能有效抑制 MGC-803 细胞的增殖，但<5 k 组分的抑制作用却很强（图 2-33）。由图 2-34 可以看出：<5 k 组分的作用浓度越高，细胞形态变化越大，细胞变圆，与邻近细胞分离，进而失去微绒毛，开始皱缩，胞浆浓缩，胞膜内陷，最后趋于凋亡。所以对<5 k 的活性组分进行进一步分离纯化（葡聚糖凝胶层析）。

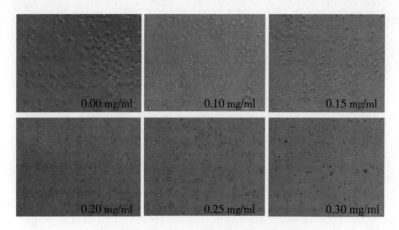

图 2-34 <5 k 组分对肿瘤细胞形态的影响

注：荧光相差倒置显微镜，观察倍数为 10×20

（二）葡聚糖凝胶层析（Sephadex G-25）组分抑制 MGC-803 细胞增殖活性的研究

由图 2-35 可以看出，超滤后<5 k 的活性组分经 Sephadex G-25 色谱柱后共分离出 4 个峰。图 2-36 结果表明：a、c、d 对 MGC-803 细胞的增殖抑制率为负，即不能抑制肿瘤细胞增殖反而对其增值有微弱的促进作用，仅 b 对 MGC-803 细胞增殖有一定的细胞增殖抑制作用，但增殖抑制率较<5 k 组

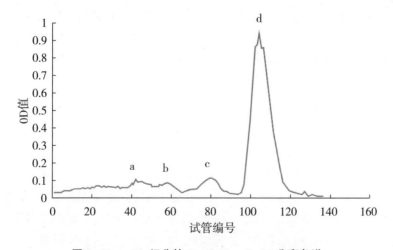

图 2-35 <5 k 组分的 Shephadax G-25 分离色谱

分的细胞增殖抑制率低很多，这说明蚕蛹蛋白的 Alcalase 酶解产物对肿瘤细胞的增殖抑制活性可能是<5 k 的四种组分的协同效应。

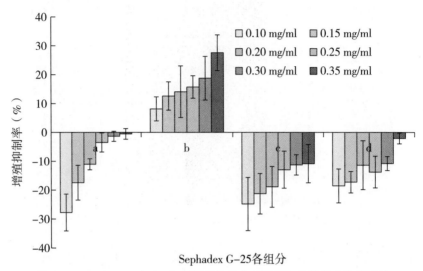

图 2-36　**Sephadex G-25 色谱柱分离组分对肿瘤细胞的增殖抑制活性**

四、增殖抑制作用机理研究

（一）DNA Ladder 分析

在发生凋亡的绝大部分细胞类型中，凋亡的标准特征之一是基因组 DNA 断裂为 180～200 bp 的寡核苷酸片段。如图 2-37 所示，对照组的 MGC-803 细胞 DNA 未发生断裂，在琼脂糖凝胶中聚集在加样孔的下方。样品 1 和样品 2 作用 24 h 后，部分细胞的 DNA 出现降解，有微弱的现象出现；样品 3 的 DNA 降解现象更加明显。因此，根据以上结果可以推断蚕蛹蛋白酶解产物可以诱导肿瘤细胞（MGC-803）的凋亡。

（二）细胞周期分析

通过流式细胞仪分析不同样品诱导细胞周期阻滞，结果如图 2-38 所示。结果表明：不同样品处理后的 MGC-803 细胞被阻滞在 G2/M 期。对照组 MGC-803 细胞大多数处于 G0/G1 和 S 期，G2/M 期细胞只占 2.79%。经葡聚糖凝胶层析（Sephadex G-25）组分 b 作用后，细胞周期发生变化，G2/M 期细胞比例显著增加，占细胞总数的 13.60%；蚕蛹蛋白酶解产物 DH=25% 作用后的 MGC-803 细胞，G2/M 期细胞所占比例进一步增加至 37.92%。以上结果表明蚕蛹蛋白酶解产物可诱导 MGC-803 细胞发生 G2/M

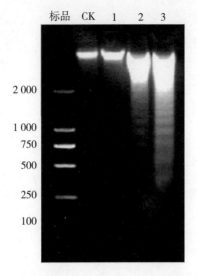

图 2-37　琼脂糖凝胶电泳检测 MGC-803 细胞 DNA 片段化

CK. 空白；样品 1. 蚕蛹蛋白；样品 2. 组分 b；样品 3. 蚕蛹蛋白酶解产物 DH＝25％

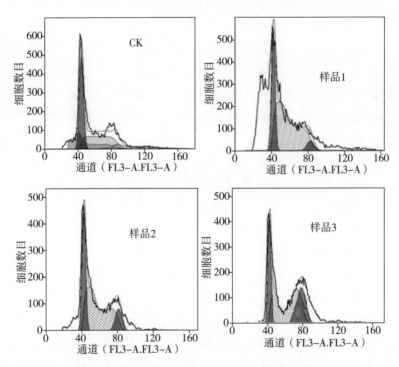

图 2-38　流式细胞仪检测 MGC-803 细胞周期变化

CK. 空白；样品 1. 蚕蛹蛋白；样品 2. 组分 b；样品 3. 蚕蛹蛋白酶解产物 DH＝25％

期阻滞（表2-20）。

表2-20　流式细胞仪检测 MGC-803 细胞周期变化分析

组别	G_0/G_1	S	G_2/M	PI	SPF
NC	50.55%	46.65%	2.79%	49.44%	46.65%
样本1	41.92%	54.26%	3.81%	58.08%	54.27%
样本2	31.55%	54.85%	13.60%	68.45%	54.85%
样本3	28.96%	33.11%	37.92%	71.04%	33.11%

注：CK. 空白；样品1. 蚕蛹蛋白；样品2. 组分b；样品3. 蚕蛹蛋白酶解产物 DH = 25%；增殖指数（PI）=（S+G_2/M）/（G_0/G_1+S+G_2/M）× 100%；S 期细胞比率（SPF）= S/（G_0/G_1+S+G_2/M）× 100%

（三）Western blot 检测凋亡信号通路

本研究采用 Western blot 检测了凋亡相关蛋白表达的变化。结果表明，蚕蛹蛋白酶解产物可以促进 caspase-3、caspase-8 和 caspase-9 的活化（图2-39）。由此可以初步推断蚕蛹蛋白酶解产物可以诱导细胞的凋亡。P53 和 Bcl-2 家族与肿瘤的发生、侵袭与转移密切相关，通过 Western blot 检测发现 p53 和促凋亡蛋白 Bax 的表达水平升高，而抑凋亡蛋白 Bcl-2 的表达水平下降（图2-40）。P53 常被称为"细胞的看门人"或是"基因组卫士"。在多种细胞损伤应激反应中，P53 基因通过引起细胞周期阻滞和细胞凋亡来维持基因组稳定性。P53 表达水平增加进一步说明了细胞的凋亡进程。

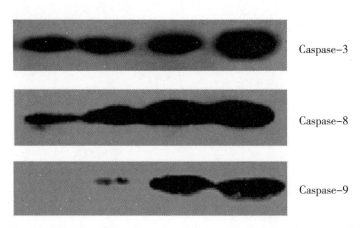

图2-39　Western blot 检测 BAX、Caspase-3、Caspase-8、Caspase-9 的活化

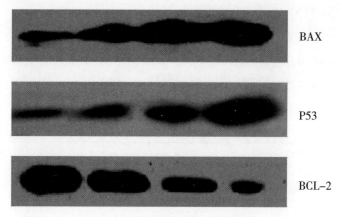

图 2-40　Western blot 检测 BAX、P53 及 BCL-2 的表达

五、小结

蚕蛹蛋白酶产物对 MGC-803 的体外增殖具有抑制作用，其中 Alcalase 酶解产物的增殖抑制作用最强。该酶解产物在超滤分级之后，对 MGC-803 体外增殖的抑制作用增强，其中分子量<5 k 的组分对 MGC-803 的体外增殖抑制作用最强。因此，我们推测分子量<5 k 的组分对 MGC-803 的体外增殖的抑制作用中发挥主要作用。分子量<5 k 的蚕蛹蛋白酶解产物经 Sephadex G-25 层析后发现各组分对 MGC-803 细胞的增殖抑制活性下降，这表明其对肿瘤细胞的增殖抑制作用可能是分离纯化后 4 种组分协同作用的结果，但它们之间的相互作用和构效关系还有待进一步研究。

蚕蛹蛋白的 Alcalase 酶解产物对 MGC-803 细胞具有显著的增殖抑制作用，经超滤发现其中发挥主要作用的是<5 k 的组分，经 Sephadex G-25 层析获得四个不同分子段的多肽组成，这四个组分之间可能有协同作用。

第四节　蚕蛹蛋白的呈味特性研究

一、蚕蛹蛋白氨基酸分析

氨基酸是食品中的重要呈味物质，蚕蛹蛋白的氨基酸组成结果表明（表 2-21）：脱脂蚕蛹粉的营养价值较高，必需氨基酸含量为 40.84%，同时蚕蛹蛋白中呈味氨基酸含量较高，如天冬氨酸占 10.03%，苏氨酸占 4.40%，丝氨酸占 4.39%，谷氨酸占 13.35%，甘氨酸占 4.97%，丙氨酸占 5.18%。鲜甜味氨基酸占总氨基酸的比例共计 42.31%，因此呈味氨基酸赋予了蚕蛹蛋白酶解液较强烈浓郁的鲜甜味，因此可以作为制备呈味基料的优质原料。

表 2-21　蚕蛹蛋白的氨基酸组成分析

氨基酸	缩写代码	含量（g/100 g）
天冬氨酸	Asp	5.97
苏氨酸	Thr	2.62
丝氨酸	Ser	2.62
谷氨酸	Glu	7.95
甘氨酸	Gly	2.96
丙氨酸	Ala	3.08
半胱氨酸	Cys	0.78
缬氨酸	Val	3.39
蛋氨酸	Met	3.62
异亮氨酸	Ile	2.83
亮氨酸	Leu	4.31
酪氨酸	Tyr	4.23
苯丙氨酸	Phe	3.20
赖氨酸	Lys	4.36
组氨酸	His	2.20
精氨酸	Arg	3.14
脯氨酸	Pro	2.31
总量	—	59.56

注：表中必需氨基酸含量是指赖氨酸、色氨酸、苯丙氨酸、蛋氨酸、苏氨酸、异亮氨酸、亮氨酸、缬氨酸 8 种必需氨基酸含量总和占氨基酸总量的值；鲜、甜味氨基酸含量是指谷氨酸、天冬氨酸、苏氨酸、丙氨酸、甘氨酸、丝氨酸 6 种氨基酸含量总和占氨基酸总量的值

二、蚕蛹蛋白制备呈味肽酶解方式的确定

（一）六种蛋白酶酶解脱脂蚕蛹蛋白的最优条件

1. 碱性蛋白酶 A 单因素试验

碱性蛋白酶 A 酶解蚕蛹蛋白的单因素试验如图 2-41 所示。结果表明：

碱性蛋白酶 A 的最佳酶解条件为：酶添加量 5%，料液比为 1∶7，pH 值为 9.0，温度 55℃，当酶解 3.5 h 时，DH 达到 24.29%。

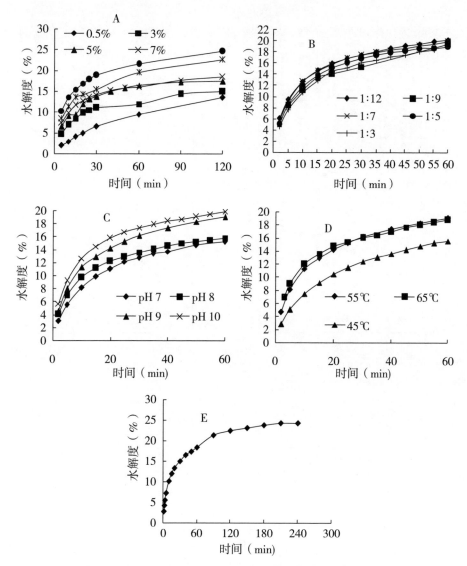

图 2-41 碱性蛋白酶 A 单因素试验［DH 分别随酶加量（A）、料液比（B）、pH 值（C）、温度（D）、时间（E）的变化趋势］

2. 中性蛋白酶单因素试验

中性蛋白酶酶解蚕蛹蛋白的单因素试验如图 2-42 所示。结果表明：中性蛋白酶的最佳酶解条件为酶添加量 9%，底物浓度 6%，pH 值为 7.0，温度 55℃，当酶解 2.5 h 时，DH 达到 16.54%。

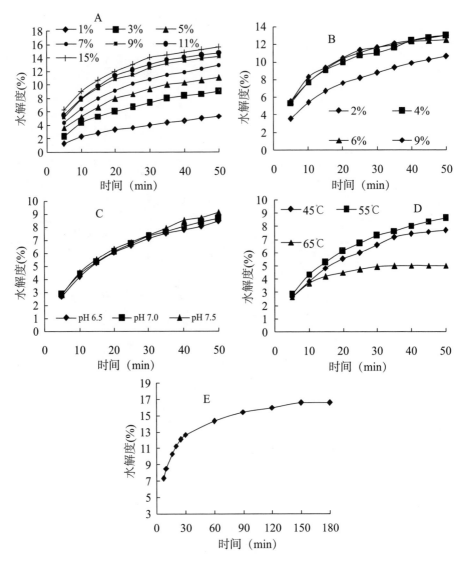

图 2-42　中性蛋白酶单因素试验〔DH 分别随酶加量（A）、底物浓度（B）、pH 值（C）、温度（D）、时间（E）的变化趋势〕

3. 风味蛋白酶单因素试验

风味蛋白酶酶解蚕蛹蛋白的单因素试验如图 2-43 所示。结果表明：风味蛋白酶的最佳酶解条件为酶添加量 8.25%，底物浓度 4%，pH 值为 6.5，温度 40℃，当酶解 6 h 时，DH 达到 17.9%。

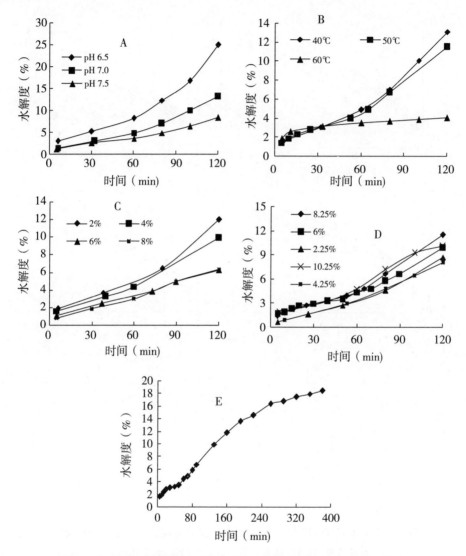

图 2-43　风味蛋白酶单因素试验 ［DH 分别随 pH（A）、温度（B）、底物浓度（C）、酶加量（D）、时间（E）的变化趋势］

4. 动物源蛋白酶单因素实验

动物源蛋白酶酶解蚕蛹蛋白的单因素试验如图 2-44 所示。结果表明：

动物源蛋白酶的最佳酶解条件为酶添加量7%，底物浓度8%，pH值为6.5，温度45℃，当酶解6 h时，DH达到15.49%。

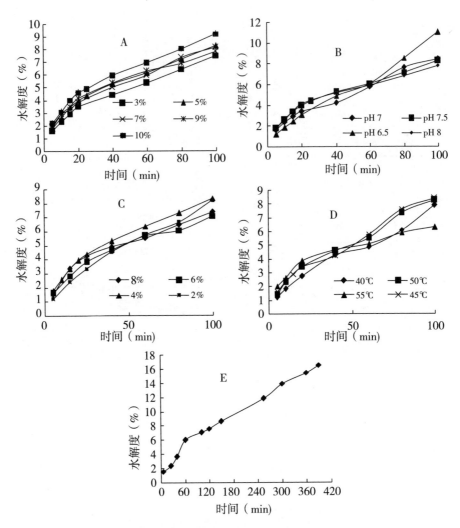

图2-44 动物源蛋白酶单因素试验［DH分别随酶加量（A）、pH（B）、底物浓度（C）、温度（D）、时间（E）的变化趋势］

5. 植物源蛋白酶单因素试验

植物源蛋白酶酶解蚕蛹蛋白的单因素试验如图2-45所示。结果表明：植物源蛋白酶的最佳酶解条件为酶加量9%，底物浓度为8%，pH值为6.5，温度 55℃，当酶解 3 h 时，DH 达到 15.58%。

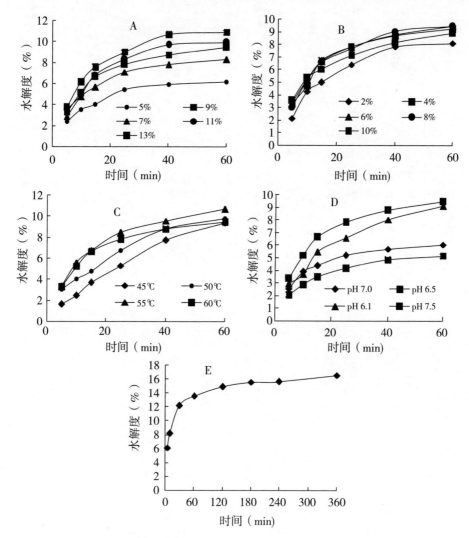

图 2-45 植物蛋白酶单因素试验（DH 分别随酶加量（A）、底物浓度（B）、温度（C）、pH（D）、时间（E）的变化趋势）

6. 复合蛋白酶单因素试验

复合蛋白酶酶解蚕蛹蛋白的单因素试验如图 2-46 所示。结果表明：复合蛋白酶的最佳酶解条件为酶加量 8%，底物浓度 8%，pH 值为 6.5，温度 45℃，当酶解 2 h 时，DH 达到 16.70%。

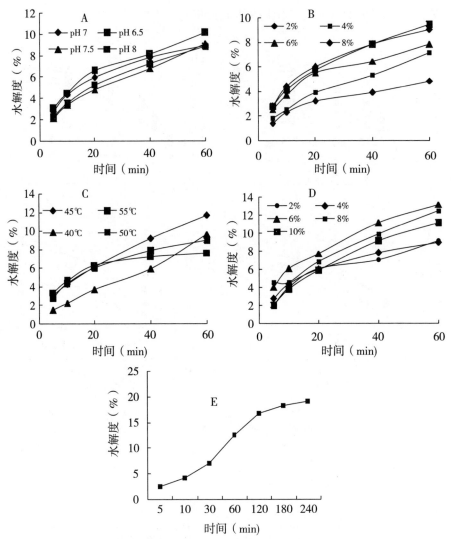

图 2-46 复合蛋白酶单因素试验〔DH 分别随 pH（A）、酶加量（B）、底物浓度（C）、温度（D）、时间（E）的变化趋势〕

（二）六种单酶酶解方式的优化条件及酶解结果

在单酶酶解蚕蛹蛋白单因素试验最优条件（如图 2-41 至图 2-46）基础上进行六种蛋白酶在相同时间内酶解蚕蛹蛋白的试验，结果见表 2-22。结果表明：在相同的水解时间里碱性蛋白酶 A 酶解蚕蛹蛋白 DH 最高，中性蛋白酶、复合蛋白酶、植物源蛋白酶、动物源蛋白酶的 DH 次之，风味蛋白酶酶解效率最低。

表 2-22　不同蛋白酶酶解脱脂蚕蛹蛋白优化条件及酶解结果

酶种类	温度（℃）	pH 值	底物浓度（%）	加酶量（%）	DH（%）
碱性蛋白酶 A 碱性蛋白酶	55	9.0	8	5	18.36
植物源蛋白酶	55	6.5	8	9	9.82
中性蛋白酶	55	7.0	6	7	14.33
动物源蛋白酶	45	6.5	8	7	6.04
风味蛋白酶	45	6.5	4	8	4.36
复合蛋白酶	45	6.5	8	8	11.61

注：反应时间为 60 min

（三）复合酶解方式与单酶酶解方式的比较

各种酶解方式的氨基氮含量如图 2-47 所示。

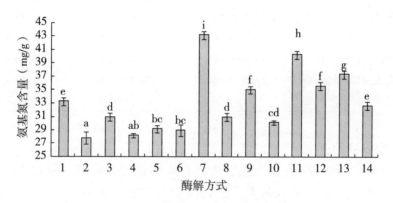

图 2-47　14 种酶解方式的氨基氮含量比较

注：1. 碱性蛋白酶 A；2. 植物源蛋白酶；3. 中性蛋白酶；4. 动物源蛋白酶；5. 风味蛋白酶；6. 复合蛋白酶；7. 碱性蛋白酶 A 与风味酶；8. 碱性蛋白酶 A 与复合酶；9. 植物源蛋白酶与风味酶；10. 植物源蛋白酶与复合酶；11. 中性蛋白酶与风味酶；12. 中性蛋白酶与复合酶；13. 动物源蛋白酶与风味酶；14. 动物源蛋白酶与复合酶

图 2-47 结果表明，不同酶解方式所得的氨基氮含量有不同程度的差异，部分存在显著性差异（$P < 0.05$）。碱性蛋白酶 A 和风味蛋白酶复合酶解液中氨基氮含量最高，达 43.17 mg/g，DH 最高；中性蛋白酶和风味酶复合酶解液中氨基氮含量达 40.25 mg/g，DH 也较高。总体来说，复合酶解液的氨基氮含量较其对应的单酶酶解液高，这表明内外切酶同时作用于底物

时，会有协同增效的作用，因此选用复合酶解有助于提高蚕蛹蛋白的利用率。

（四）复合酶解方式的蛋白回收率及酶解液感官分值

由表2-23可知，复合酶解方式中碱性蛋白酶A和风味酶复合酶解的蛋白回收率最高，可达67.7%。脱脂蚕蛹粉在胰酶与复合酶酶解液中总肽氮含量最高为53.24 mg/g；其次是碱性蛋白酶A与复合酶酶解液，50.88 mg/g；碱性蛋白酶A和风味酶的作用下总肽氮含量也较高，为47.13 mg/g。

表2-23 8种复合酶解方式蛋白回收率、酶解液感官分值（$n=3$，$x\pm SD$）

酶种类	蛋白回收率（%）	总肽氮含量（mg/g）	酶解液感官分值
碱性蛋白酶A与风味酶	67.7±0.003	47.13±0.89	71.5±6.68
碱性蛋白酶A与复合酶	61.3±0.009	50.88±1.77	60.1±5.89
植物源蛋白酶与风味酶	45.5±0.009	25.66±0.91	28.8±5.72
植物源蛋白酶与复合酶	52.5±0.009	39.88±0.89	36.4±5.68
中性酶与风味酶	57.1±0.006	35.86±1.43	42.2±6.46
中性酶与复合酶	61.7±0.005	46.73±0.71	45.0±5.01
动物源蛋白酶与风味酶	60.9±0.005	43.91±0.59	36.1±5.32
动物源蛋白酶与复合酶	65.1±0.004	53.24±0.59	16.4±4.74

由酶解液的感官分值可知：动物源蛋白酶与复合酶酶解液感官值较低，碱性蛋白酶A和风味酶复合酶解的酶解液感官结果最好，酶解液较澄清，刺鼻的气味较淡，后味较鲜美，这是因为风味蛋白酶制得的小分子肽风味比较好，腥味低，而且能在一定程度上降低小分子肽酶解液的苦味。从外观、色泽上来看，DH高的酶解液颜色呈深红色且澄清；DH低的酶解液颜色呈橙黄色且较浑浊。

（五）复合酶解产物氨基酸分析

本试验对8种复合酶解方式的氨基酸组成进行了分析，结果见表2-24。

由表2-24可以看出碱性蛋白酶A与风味酶酶解蚕蛹蛋白酶解液中鲜味氨基酸含量、含硫氨基酸含量、总游离氨基酸含量都是最高的，分别为55.356 mg/g、9.177 mg/g、229.131 mg/g，其中鲜味氨基酸含量是最高的，呈味氨基酸能赋予蚕蛹蛋白酶解液较浓郁的鲜甜味，这和酶解感官评价的结果是一致的；含硫氨基酸如蛋氨酸和半胱氨酸是产生肉香最重要的氨基酸，因此该酶解方式有利于后续肉味香精的制备。综上所述，碱性蛋白酶A和风味酶组合酶解是制备是蚕蛹呈味基料的最佳酶解方式。

表2-24 8种复合酶解方式游离氨基酸分析 （单位：mg/g）

酶组合种类	鲜味氨基酸含量	含硫氨基酸含量	总游离氨基酸含量
碱性蛋白酶A与风味酶	55.356	9.177	229.131
碱性蛋白酶A与复合酶	27.489	8.652	132.972
植物源蛋白酶与风味酶	28.581	3.948	116.235
植物源蛋白酶与复合酶	13.944	3.444	71.778
中性酶与风味酶	38.010	6.741	167.580
中性酶与复合酶	18.018	5.082	97.986
动物源蛋白酶与风味酶	24.696	4.074	113.064
动物源蛋白酶与复合酶	11.172	3.339	67.263

（六）美拉德反应改善酶解液风味

不同酶的酶解产物均有不同程度的腥臭味，故而通过美拉德反应对其进行风味改良。试验结果如图2-48，结果的双因素方差分析见表2-25。

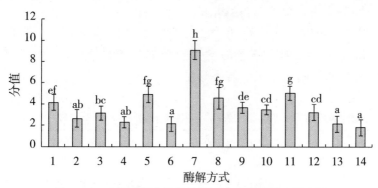

图2-48 不同酶解方式美拉德反应感官评价分值比较

注：1. 碱性蛋白酶A；2. 植物源蛋白酶；3. 中性蛋白酶；4. 动物源蛋白酶；5. 风味蛋白酶；6. 复合蛋白酶；7. 碱性蛋白酶A与风味酶；8. 碱性蛋白酶A与复合酶；9. 植物源蛋白酶与风味酶；10. 植物源蛋白酶与复合酶；11. 中性蛋白酶与风味酶；12. 中性蛋白酶与复合酶；13. 动物源蛋白酶与风味酶；14. 动物源蛋白酶与复合酶

表 2-25　无重复双因素方差分析

方差来源	自由度	均方	F 值	p 值
评定员	5	0.770	1.78	0.142
酶解方式	7	30.990	71.63	0.000
误差	35	0.432		
总计	47			

由图 2-48 可以看出,在六种单酶中,碱性蛋白酶 A 与风味蛋白酶复合酶解液的美拉德反应产物香气最浓,表明碱性蛋白酶 A 与风味蛋白酶的组合酶解方式最利于蚕蛹蛋白改良和制备风味物质。总体来说,复合酶酶解液美拉德反应产物的香气要优于单酶酶解液,但动物源蛋白酶与风味酶、动物源蛋白酶与复合酶的复合酶解液美拉德产物后腥味较重。表 2-25 结果表明:不同评定员对试验结果没有显著影响;不同酶解方式对试验结果有极显著影响,表明试验方法可行。也进一步证明了,碱性蛋白酶 A 与风味蛋白酶复合酶解是脱脂蚕蛹粉制备呈味基料的最佳酶解方式。

三、复合酶解蚕蛹蛋白制备呈味肽的工艺优化

(一) 单因素试验

1. 不同酶质量比对氨基氮含量的影响

由表 2-26 可知,酶质量比为 2:1 时,氨基氮含量最高,酶解程度最高;酶质量比为 1:2 时,氨基氮含量也较高,同时酶解液感官评价最高,因此选择 1:2 的酶质量比来酶解蚕蛹蛋白。

表 2-26　酶质量比对氨基氮含量的影响 (碱性蛋白酶 A:风味蛋白酶) ($n=3$, x±SD)

酶质量之比	氨基氮含量 (g/100 ml)	酶解液感官评价
1:1	0.084±0.001	有腥臭味
1:2	0.088±0.001	略有腥臭味,鲜甜味浓,有香气
2:1	0.090±0.002	腥臭味中等,略有鲜甜味和香气

2. 不同酶添加顺序对氨基氮含量的影响

表 2-27 结果表明:碱性蛋白酶 A 和风味蛋白酶同时酶解和先碱性蛋白酶 A 后风味蛋白酶酶解的产物氨基氮含量相差不大,并且先碱性蛋白酶 A 后风味蛋白酶耗时,因此采用两种酶同步酶解更经济。

表 2-27　酶添加顺序对氨基氮含量的影响（$n=3$，x±SD）

组合	氨基氮含量（g/100 ml）
先碱性蛋白酶 A 后风味蛋白酶	0.093±0.002
碱性蛋白酶 A 和风味蛋白酶同时	0.090±0.001
先风味蛋白酶后碱性蛋白酶 A	0.084±0.003

3. 不同 pH 值对氨基氮含量的影响

由图 2-49 可知，随着 pH 值的升高氨基氮含量逐渐升高。当 pH 值达到 8 时，氨基氮含量下降，推测是风味蛋白酶失去活性，该酶是一种用于中性或微酸性条件下水解蛋白质的真菌蛋白酶的复合体。只有碱性蛋白酶 A 在作用；当 pH 值为 9 时，氨基氮含量迅速增加，可能是因为风味蛋白酶完全失活，而此时又是碱性蛋白酶 A 作用的最佳条件。综合考虑，为使碱性蛋白酶 A 和风味蛋白酶同时起作用应选择 pH 值为 7。

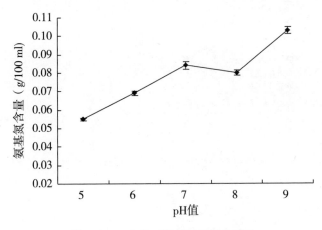

图 2-49　pH 值对氨基氮含量的影响

4. 不同温度对氨基氮含量的影响

由图 2-50 可知，随着温度的升高，氨基氮含量先是逐渐增加，后又下降。温度影响蛋白酶催化反应速度及蛋白酶的稳定性，从而影响酶解效率。因此选择最佳温度为 50℃。

5. 不同底物浓度对氨基氮含量的影响

由图 2-51 可知，随着底物浓度的增加，氨基氮含量先是增加后降低。从经济和适用性方面考虑，选择 20% 浓度为酶解反应的最适浓度。

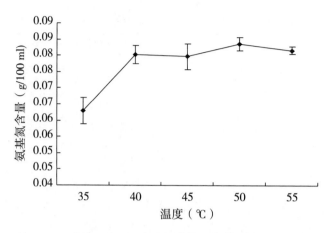

图 2-50　温度对氨基氮含量的影响

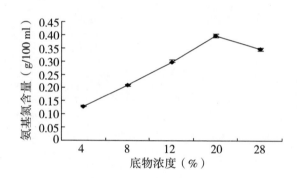

图 2-51　底物浓度对氨基氮含量的影响

6. 不同酶加量对氨基氮含量的影响

由图 2-52 可知，随着酶添加量的增加，氨基氮含量也逐渐增加，但后期增加的幅度减小，基本呈平稳的趋势，继续增大加酶量对反应速率无显著影响，因此选择加酶量在 8% 左右对 DH 进行考察。

（二）响应面法优化酶解条件

1. 响应曲面试验结果

对酶解温度（A）、酶加量（B）、底物浓度（C）3 个因素与氨基氮含量进行 3 因素 3 水平响应面分析试验，响应面分析方案与试验结果见表 2-28。根据表 2-28 的试验数据，利用 Design Expert 7.0 软件分析酶解产物氨基氮含量回归模型的显著性。可得出 3 个因素与氨基氮含量之间的回

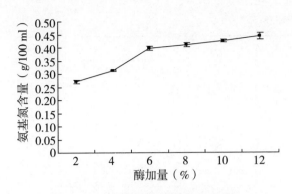

图 2-52　酶加量对氨基氮含量的影响

归关系式：

$$R = -1.377 + 0.047A + 0.01B + 0.041C + 0.000075AB - 0.00028AC + 0.000477BC - 0.00038\ A^2 - 0.0016\ B^2 - 0.00058\ C^2$$

由表 2-29 可知试验结果与模型预测拟合良好，模型的 $P = 0.000\ 5 < 0.01$，表明该试验模型高度显著。失拟项 $P = 0.1 > 0.05$，表明该模型是稳定的，能很好地预测实际蚕蛹蛋白酶解液中氨基氮含量的变化。由表 2-29 得知，$R^2 = 0.984\ 4$、$R^2_{Adj} = 0.956\ 4$，表明该模型拟合程度良好，试验误差小，适合对蚕蛹酶解液中氨基氮含量进行分析和预测。由 P 值可知，各因素对蚕蛹酶解液氨基氮含量的影响程度从大到小依次为：底物浓度 > 温度 > 酶加量。其中 A、C、A^2、C^2 为极其显著（$P < 0.01$），AC、B^2 为显著（$P < 0.05$）。在总的作用因素中，一次项与平方项的影响较大，而交互项的影响较小，酶解温度与底物浓度交互作用显著。

表 2-28　响应面分析方案及试验结果

试验号	A	B	C	氨基氮含量（g/100 ml）
1	0	0	0	0.403
2	0	1	1	0.401
3	−1	−1	0	0.303
4	0	0	0	0.405
5	1	−1	0	0.390
6	1	1	0	0.389
7	0	−1	−1	0.318
8	−1	0	1	0.382
9	0	−1	1	0.398

（续表）

试验号	A	B	C	氨基氮含量（g/100 ml）
10	1	0	1	0.397
11	0	0	0	0.413
12	0	1	−1	0.260
13	−1	1	0	0.290
14	1	0	−1	0.326
15	−1	0	−1	0.221
模型	9	35.15	0.000 5	*
A	1	70.87	0.000 4	*
B	1	3.60	0.116 1	
C	1	155.32	<0.000 1	**
AB	1	0.22	0.660 2	
AC	1	12.26	0.017 3	*
BC	1	5.63	0.063 7	
A^2	1	32.92	0.002 3	*
B^2	1	14.68	0.012 2	*
C^2	1	30.81	0.002 6	*
残差	5			
失拟	3	9.16	0.1	
误差	2			
总和	14			

注："*"表示显著，"**"表示极显著

表 2-29　模型方程的方差分析结果

分析项目	结果	分析项目	结果
标准差	0.013	拟合度	0.984 4
平均值	0.35	校正决定系数	0.956 4
变异系数（CV,%）	3.64	预测拟合度	0.765 6
感应值	0.012	信噪比	18.429

　　为了进一步求得各因素的最佳条件组合，对回归方程取一阶偏导数，并令其等于0，联立方程组得到：酶解温度为51.16℃，酶添加量为8.12%，底物浓度为25.47%，在此条件下，回归模型理论预测值为0.416 g/100 ml。

2. 验证性试验

通过对模型进行数学分析，优化出最佳处理条件为：酶解温度为 51.16℃，酶添加量为 8.12%，底物浓度为 25.47%，考虑到具体试验的可操作性，本研究选择酶解温度为 50℃，酶添加量为 8%，底物浓度为 25%，采用上述条件对上述模型进行验证，测得水解液中氨基氮含量为 0.407 g/100 ml，验证结果与理论预测值（0.416 g/100 ml）接近，证明优化结果可信，具有实用价值。

（三）酶解液的成分分析和感官评定结果

以蚕蛹蛋白酶解液作为美拉德反应的基液制备富含呈味肽的基料，要求酶解液具有良好的风味，苦味值低，DH 高，肽得率高，由图 2-53 可以看出 8 h 的酶解的 DH 较高，为 25.11%；肽得率最高为 28.72%；蛋白回收率为 53.83%。

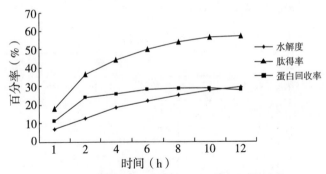

图 2-53　酶解时间对酶解产物各指标含量的影响

由表 2-30 可知酶解产物的鲜味随酶解时间的延长不断增加，随后又下降；苦味是先增加后下降；腥味逐渐增加；其中 8 h 的酶解液感官评价较好，鲜味浓郁，腥味中等，无明显苦味。因此选择 8 h 酶解液作为热反应香精的前体物质。

表 2-30　酶解液感官评定结果

样品	感官结果		
	鲜甜味	苦味	腥味
1 h	-	+	-
2 h	+	+	-
4 h	++	-	+

（续表）

样品	感官结果		
	鲜甜味	苦味	腥味
6 h	++	+	+
8 h	+++	–	+
10 h	+	–	++
12 h	+	–	+++

注："–"代表"没有"，"+"代表"有"，"+"的多少代表程度的强弱

（四）不同时间段分子量分布图

不同酶解时间酶解液的肽分子量分布如表 2-31 所示，结果表明：随着酶解时间的增加，大分子肽段含量逐渐减少，小分子肽段逐渐增加。其中 8 h 酶解液中分子量在 10 k~5 kDa 的占 12.05%，5 k~3 kDa 的占 35.99%，3 k~1 kDa 的占 36.45%，小于 1 kDa 的占 15.5%，分析可知 8 h 酶解液中小分子肽含量（5 kDa 以下占 87.95%）较高。

表 2-31　不同时间段酶解液中各肽段占总肽段含量比值　　　　（单位：%）

样品酶解时间	肽段分子量			
	10 k~5 kDa	5 k~3 kDa	3 k~1 kDa	<1 kDa
1 h	22.34	30.73	42.23	6.02
2 h	16.93	35.97	32.53	14.55
4 h	15.45	36.92	35.35	12.26
6 h	13.46	36.77	35.89	13.88
8 h	12.05	35.99	36.45	15.5
10 h	11.76	37.41	35.52	15.29
12 h	11.25	38.24	34.01	16.48

（五）酶解产物氨基酸组分分析

表 2-32　8 h 酶解产物氨基酸组分分析结果　　　　（单位：mg/ml）

氨基酸种类	呈味域值	总氨基酸	游离氨基酸	肽类氨基酸
天冬氨酸（Asp）	3	17.97	2.06	15.91
苏氨酸（Thr）	260	7.68	3.02	4.67
丝氨酸（Ser）	150	4.47	2.54	1.92
谷氨酸（Glu）	5	24.19	3.18	21.01

（续表）

氨基酸种类	呈味域值	总氨基酸	游离氨基酸	肽类氨基酸
甘氨酸（Gly）	110	7.71	1.25	6.46
丙氨酸（Ala）	60	8.97	3.63	5.34
半胱氨酸（Cys）	—	0.99	0.44	0.56
缬氨酸（Val）	150	9.69	4.33	5.37
蛋氨酸（Met）	30	5.81	1.87	3.94
异亮氨酸（Ile）	380	8.03	3.65	4.38
亮氨酸（Leu）	90	11.74	5.62	6.12
酪氨酸（Tyr）	—	5.06	1.01	4.05
苯丙氨酸（Phe）	150	8.09	3.62	4.46
赖氨酸（Lys）	50	13.35	4.87	8.48
组氨酸（His）	20	6.27	2.48	3.79
精氨酸（Arg）	10	3.58	3.21	0.37
脯氨酸（Pro）	300	7.49	0.74	6.75
总量		151.10	47.52	103.58
游离/肽类氨基酸占总氨基酸的比例			31.45%	68.55%
鲜甜味氨基酸		70.99	15.69	55.31
游离/肽类鲜甜味氨基酸占总鲜甜味氨基酸的比例			22.10%	77.90%

注：肽类氨基酸含量=总氨基酸含量-游离氨基酸含量

由表 2-32 可见，酶解液中游离氨基酸占氨基酸总量的 31.45%，而肽类氨基酸占氨基酸总量的 68.55%，其中以游离氨基酸存在的呈鲜、甜味的氨基酸（谷氨酸、天门冬氨酸、丝氨酸、苏氨酸、甘氨酸和丙氨酸）占总鲜甜味氨基酸含量的 22.10%，以肽类形式存在的鲜甜味氨基酸占总鲜甜味氨基酸含量的 77.90%；酶解液中呈鲜甜味的游离氨基酸含量远小于其呈味域值，在酶解液中的鲜甜味无法被感知，由此可推测酶解液中呈鲜甜味的组分可能是呈味肽。

四、膜超滤提升蚕蛹蛋白酶解产物风味的研究

采用 Pellicon 超滤系统及截留分子质量（MWCO）分别为 30 kDa、10

kDa、5 kDa 和 1 kDa 的超滤膜分离，得到 30 kDa 截留液（SPH-Ⅰ）、10 kDa 截留液（SPH-Ⅱ）、5 kDa 截留液（SPH-Ⅲ）、1 kDa 截留液（SPH-Ⅳ）、1 kDa 透过液（SPH-Ⅴ）5 个组分。

（一）游离氨基酸组成

表 2-33 结果表明：不同超滤组分的游离氨基酸组成有不同程度的差异，随着截留分子量逐级减小的超滤膜处理后，大分子的物质（多肽）逐级截留，游离氨基酸小分子物质逐渐增多，说明膜的分离效果显著。SPH-Ⅳ组分中鲜甜味氨基酸含量最高，这也是蚕蛹酶解产物味鲜的主要原因；含硫氨基酸含量也最高，含硫氨基酸是生成肉香的关键性氨基酸。1 kDa 膜包对小分子物质的截留效果较好，1 kDa 透过液的游离氨基酸含量较 1 kDa 截留液的含量高。

表 2-33　各超滤组分的游离氨基酸组成　　　（单位：mg/ml）

氨基酸名称	SPH-Ⅰ	SPH-Ⅱ	SPH-Ⅲ	SPH-Ⅳ	SPH-Ⅴ
Asp	2.31	1.20	0.21	1.75	1.77
Thr	2.67	2.47	2.09	2.66	2.71
Ser	0.14	0.08	0.04	0.34	1.43
Glu	3.36	2.88	2.49	2.88	2.53
Gly	1.31	1.16	1.10	1.08	1.02
Ala	3.59	3.33	3.14	3.31	3.12
Val	4.28	4.02	3.84	4.00	3.68
Cys	0.37	0.38	0.41	0.24	0.19
Met	2.31	2.00	1.99	1.82	1.35
Ile	3.56	3.40	3.25	3.43	3.14
Leu	5.53	5.23	4.95	5.42	4.94
Tyr	0.00	0.02	1.23	1.23	1.09
Phe	3.56	3.34	3.27	3.56	3.24
Lys	0.39	4.54	4.38	4.55	3.89
His	2.06	2.06	1.97	2.10	1.95
Arg	0.22	0.16	0.12	2.36	2.08
鲜甜味氨基酸	0.96	1.24	1.01	4.74	3.79
含硫氨基酸	0.19	0.27	0.29	0.81	0.47

（二）总氨基酸组成

表 2-34 结果表明：随着截留分子量逐级减小的超滤膜处理后，大分子的物质（多肽）逐级截留，总氨基酸含量逐级增大，说明小肽分子含量越来越高。1 kDa 截留液中总鲜甜味氨基酸含量最高，这也是蚕蛹酶解产物味鲜的主要原因；同时所含的总含硫氨基酸最高，含硫氨基酸是生成肉香的关键性氨基酸。

表 2-34　各超滤组分的总氨基酸组成　　（单位：mg/ml）

氨基酸种类	SPH- I	SPH- II	SPH- III	SPH- IV	SPH- V
Asp	0.92	1.32	1.51	5.28	3.01
Thr	0.44	0.63	0.69	2.21	1.42
Ser	0.19	0.27	0.36	1.08	1.00
Glu	1.47	2.04	2.35	7.19	4.27
Gly	0.47	0.66	0.80	2.24	1.32
Ala	0.51	0.73	0.77	2.57	1.77
Cys	0.08	0.12	0.18	0.38	0.17
Val	0.56	0.81	0.87	2.89	1.95
Met	0.38	0.53	0.58	1.83	1.24
Ile	0.48	0.69	0.75	2.41	1.65
Leu	0.68	0.97	1.02	3.45	2.42
Tyr	0.17	0.27	0.53	1.58	0.97
Phe	0.45	0.65	0.69	2.36	1.64
Lys	0.35	1.09	1.26	3.87	2.33
His	0.31	0.46	0.51	1.69	1.15
Arg	0.21	0.24	0.40	2.14	1.27
鲜甜味氨基酸	4.01	5.65	6.47	20.57	12.80
含硫氨基酸	0.46	0.65	0.76	2.21	1.41

（三）肽类氨基酸组成

表 2-35 结果表明：随着截留分子量逐级减小的超滤膜处理后，大分子的物质（多肽）逐级截留，这表明小肽分子含量越来越高。1 kDa 截留液中肽类鲜甜味氨基酸、呈味肽、总含硫氨基酸的含量最高。

表 2-35　　不同超滤组分中肽的氨基酸组成　　　　（单位：mg/ml）

氨基酸种类	SPH-Ⅰ	SPH-Ⅱ	SPH-Ⅲ	SPH-Ⅳ	SPH-Ⅴ
Asp	0.76	1.18	1.49	4.59	2.48
Thr	0.25	0.35	0.44	1.16	0.60
Ser	0.18	0.26	0.35	0.95	0.57
Glu	1.23	1.72	2.05	6.05	3.51
Gly	0.38	0.53	0.67	1.81	1.01
Ala	0.26	0.36	0.39	1.27	0.83
Cys	0.06	0.08	0.13	0.28	0.12
Val	0.26	0.36	0.40	1.31	0.85
Met	0.21	0.31	0.34	1.11	0.83
Ile	0.23	0.31	0.35	1.05	0.71
Leu	0.28	0.39	0.42	1.32	0.93
Tyr	0.17	0.27	0.38	1.10	0.64
Phe	0.20	0.28	0.29	0.96	0.67
Lys	0.32	0.58	0.73	2.08	1.16
His	0.16	0.23	0.27	0.87	0.56
Arg	0.19	0.23	0.38	1.21	0.65
肽类鲜甜味氨基酸	3.05	4.40	5.38	15.83	9.01
含硫氨基酸	0.27	0.39	0.47	1.40	0.94

（四）超滤各组分感官评价

将超滤组分进行感官评价，结果如表 2-36 所示。结果表明：不同的超滤组分之间的色泽、澄清度、滋味等方面存在不同程度的差异。随着超滤膜截留分子量的减小，超滤组分的色泽逐渐降低，苦味和腥味也逐渐降低，其中 SPH-Ⅳ 和 SPH-Ⅴ 均无明显的苦味和臭味，SPH-Ⅳ 的鲜味和甜味最好。

表 2-36　　各超滤组分的感官评价结果（10 分制）

感官评价	色泽	澄清度	苦味	腥味	甜味	鲜味
SPH-Ⅰ	深红棕色	较混浊	1.0	5.6	2.0	4.0
SPH-Ⅱ	深棕红色	较混浊	0	4.0	2.3	3.6
SPH-Ⅲ	深棕红色	较混浊	0	2.0	2.7	4.6
SPH-Ⅳ	棕黄色	较澄清	0	0	7.8	8.7
SPH-Ⅴ	浅黄色	澄清透明	0	0	5.9	6.0

（五）超滤组分美拉德反应产物感官评价及风味成分分析

按照美拉德反应的基础配方，将各超滤组分进行美拉德反应并进行感官评价，结果如表 2-37 所示。结果表明：不同超滤组分的美拉德产物之间的感官特征存在明显差异，其中 SPH-Ⅳ组分具有肉香浓、无腥味、纯正柔和、鲜味持久的特点，因此选择 1 kDa 截留量的膜截留酶解产物作为制备呈味基料的底物。

表 2-37　超滤组分美拉德反应感官评价

超滤组分	感官结果
SPH-Ⅰ	有肉香味，腥臭味，气味刺鼻
SPH-Ⅱ	有肉香味，腥臭味中等，滋味较淡
SPH-Ⅲ	肉香味不浓，略有焦糊味，腥臭味很少，有醇厚味
SPH-Ⅳ	肉香浓，无腥味，纯正柔和，鲜味持久
SPH-Ⅴ	肉香味不浓，无腥味，入口有苦味

对获得的美拉德反应产物进行 GC-MS 分析，以比较各超滤组分之间风味物质的差异，结果如表 2-38 所示。结果表明：1 kDa 截留液的美拉德反应产物含肉香风味物质最多，含量也最高，占 82.44%，1 kDa 透过液的也较多，与感官评价的结果一致。其中最主要的风味物质为 4-甲基-5-羟乙基噻唑、糠基硫醇。风味物质种类越多，其中杂质就越多，1 kDa 截留液中风味物质成分总计有 32 种，所以香气就比较浓厚。2-甲基丁醛和吲哚在含量高时会有难闻的气味出现，在高度稀释的状态下则呈现出香味，这也是30 kDa 截留液、10 kDa 截留液、5 kDa 截留液美拉德反应产物中有难闻气味产生的原因之一。因此可以推断出 1 kDa 截留液即分子量在 5 k~1 kDa 的小分子肽段参与了形成了美拉德反应产物的肉香风味成分，1 kDa 透过液即分子量小于 1 kDa 的更小分子肽段即游离氨基酸也参与了形成了肉香风味成分。

表 2-38　超滤后组分 GC-MS 图谱

风味物质	SPH-Ⅰ	SPH-Ⅱ	SPH-Ⅲ	SPH-Ⅳ	SPH-Ⅴ
风味物质成分总计	51 种	51 种	55 种	32 种	36 种
具有肉香气的物质					
2-甲基吡嗪	0.51%	0.68%	0.78%	0.44%	
糠醛	0.48%	0.85%	0.60%	1.17%	1.67%
2-甲基-3-呋喃硫醇	1.58%	1.87%	1.40%	1.90%	2.58%

（续表）

风味物质	SPH-Ⅰ	SPH-Ⅱ	SPH-Ⅲ	SPH-Ⅳ	SPH-Ⅴ
二氢-2-甲基-3（2H）-噻吩酮	0.04%	0.22%	0.16%	0.26%	0.27%
2，3，5，6-四甲基吡嗪	0.69%	1.17%	0.99%	0.81%	1.25%
4-甲基-5-羟乙基噻唑	31.84%	34.12%	37.27%	52.10%	28.69%
2-甲基四氢呋喃-3-酮	0.56%	1.48%	0.72%	1.36%	2.22%
3-甲巯基-2-丁酮	2.37%	3.92%	2.79%	4.90%	7.01%
糠基硫醇	9.72%	17.86%	13.19%	19.25%	30.06%
2，4，6-三甲基-1，3，5-三噻烷				0.25%	
总量	47.79%	62.17%	57.90%	82.44%	73.75%
具有难闻气味的物质					
2-甲基丁醛	0.19%		0.27%		
吲哚	0.45%	0.53%	0.34%		
总量	0.64%	0.53%	0.61%		

（六）小结

（1）超滤处理可以在一定程度上改善蚕蛹蛋白酶解产物的风味，其中截留量为1 k 膜包截留液的感官特征最好。

（2）截留量为1 k 膜包的截留液的美拉德产物风味最佳，具有肉香浓、无腥味、纯正柔和、鲜味持久等特征。

五、蚕蛹蛋白酶解产物美拉德反应研究

（一）酶解液的成分分析和感官评定结果

以蚕蛹蛋白酶解液作为美拉德反应的基液，制备富含呈味肽的基料，要求酶解液具有良好的风味，苦味值低，水解度高，肽得率高，由图2-54可以看出，8 h 的酶解的水解度较高，为25.11%；肽得率最高为28.72%；蛋白回收率为53.83%。同时由表2-39可知，酶解产物的鲜味随酶解时间的延长不断增加，随后又下降；苦味是先增加后下降；腥味逐渐增加；其中8 h 的酶解液感官评价较好，鲜味浓郁，腥味中等，无明显苦味。因此选择8 h 酶解液作为热反应香精的前体物质。

通过液相色谱测定8 h 酶解液的肽分子量分布（表2-39），结果表明酶解液中分子量在10 k ~ 5 kDa 的组分占12.05%，5 k ~ 3 kDa 的组分占35.99%，3 k ~ 1 kDa 的组分占36.45%，小于1 kDa 的组分占15.5%，8 h 酶解液中小分子肽含量（5 000 Da 以下占87.95%）较高。

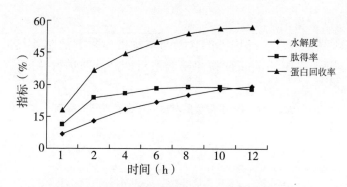

图 2-54　酶解时间对酶解产物各指标含量的影响

表 2-39　酶解液感官评定结果

样品	鲜味	苦味	腥味
1 h	−	+	−
2 h	+	+	−
4 h	++	−	+
6 h	++	+	+
8 h	+++	−	+
10 h	+	−	++
12 h	+	−	+++

注："−"代表"没有"，"+"代表"有"及程度强弱

（二）美拉德反应单因素试验

1. 还原糖种类的影响

表 2-40 结果表明：三种糖对产品风味均有较大的影响，其中木糖的肉香味特别浓，而果糖、葡萄糖的肉味淡且伴随有浓重的焦糊味。故而本研究选择 D-木糖作为进一步研究的糖源。

表 2-40　还原糖种类对产品风味的影响

还原糖种类	气味特征	强度
参照	有蚕蛹本身的腥臭味，没有肉香	弱
葡萄糖	肉味淡，有焦糊味	中
D-木糖	有浓烈的肉香，整体气味最好	强
果糖	焦糊味重，有刺鼻气味，肉香味淡	弱

2. 还原糖含量的影响

表2-41结果表明：还原糖的含量对蚕蛹蛋白酶解液制备热反应香精的呈味影响显著。采用Friedman排序检验法对产品品质进行评价（表2-42）。

表2-41　D-木糖含量对褐变程度和香味的影响

项目	D-木糖含量				
	1%	3%	5%	7%	9%
$ABS\lambda_{420\,nm}$	0.145	0.248	0.417	0.586	0.829
香味	肉味淡，腥臭味重	肉味增加，有腥臭味	肉香最浓	肉香减弱，焦糖香增强	肉香弱，焦糊味重

表2-42　6名评价员对5个样品的排序结果

评定员	秩次					
	1%	3%	5%	7%	9%	秩和
1	1	2	5	4	3	15
2	1	2	5	3	4	15
3	1	2	4	5	3	15
4	1	2	5	3	4	15
5	1	2	5	3	4	15
6	1	2	5	4	3	15
秩和	6	12	29	22	21	

＊秩次由大到小，代表样品由优至劣

根据Friedman检验程序对被检样品之间是否存在显著性差异作出判定。其中统计量的计算公式如下：

$$统计量\ F = \frac{12}{JP(P+1)}(R_1^2 + R_2^2 + R_3^2 + \cdots + R_P^2) - 3J(P+1) \quad (1)$$

式中：J——评价员数；P——样品数；R_1、$R_2 \cdots R_P$——J个评价员对P个样品评价的秩和。

由公式（1）计算得出$F = 21.733$。查表可知，在0.05显著水平上，临界值α（5，6）＝9.49＜21.73，表明样品间存在显著差异，再应用多重比较和分组确定各样品间的差异程度。先将不同样品按秩和从大到小排序，结果如表2-43所示。

表 2-43　样品按秩和从大到小排序

样品	5%添加量	7%添加量	9%添加量	3%添加量	1%添加量
秩和	29	22	21	12	6

以上分析可得，在 5%的显著水平上，D-木糖添加量为 5%时，样品的风味品质最佳。同时从表 2-43 可以看出，随 D-木糖添加量的增加，褐变程度逐步提高，肉香味增强。当添加量为 7%时，肉香味中略带焦糊味；增至 9%时，焦糊味重，而且褐变程度明显增强。经多重比较和分组后，比较结果表示如下：5%添加量、7%添加量、9%添加量、3%添加量、1%添加量。

3. pH 值的影响

经多重比较和分组，得出当 pH 值为 7.0 时，样品的风味品质最佳。从表 2-44 也可以看出，pH 值为 4.0 和 5.0 时，体系没有肉香产生，且褐变程度较弱。pH 值在 6.0 以上时，褐变程度随着 pH 值的升高而大幅度提高，肉香味也逐渐增加。

表 2-44　pH 值对褐变程度和香味的影响

项目	pH 值				
	4.0	5.0	6.0	7.0	8.0
$ABS\lambda_{420\ nm}$	0.251	0.352	0.411	0.586	0.607
香味	无肉味，有刺鼻气味	肉味淡	肉香味增加	肉香浓郁，有酱香	肉香弱，焦糊味重

4. L-半胱氨酸盐酸盐的影响

经多重比较和分组，得出 L-半胱氨酸盐酸盐为 4%时，样品的风味品质最佳。由表 2-45 可知，随着 L-半胱氨酸盐酸盐含量的增加，肉香味先是增加后又逐渐下降，褐变程度一直下降。这是因为其经 Strecker 降解首先产生巯基乙醛，再继续分解产生乙醛和硫化氢，这些化合物在肉香味的形成中起着很重要的作用。

表 2-45　L-半胱氨酸盐酸盐含量对褐变程度和香气的影响

项目	L-半胱氨酸盐酸盐含量				
	2%	4%	6%	8%	10%
$ABS\lambda_{420\ nm}$	0.312	0.246	0.243	0.153	0.110
香味	焦糊味重	肉香味浓，无刺鼻气味	肉香味变淡	肉香更淡	肉香最淡

5. 硫胺素含量的影响

经多重比较和分组，得出维生素 B_1 添加量为 3% 时，样品的风味品质最佳。由表 2-46 可知肉香味随着维生素 B_1 含量的增加而增加，但褐变程度变化趋势不明显。维生素 B_1 的热降解产物为呋喃、呋喃硫醇、噻吩等含硫化合物，对肉香味的形成起了很重要的作用。

表 2-46　维生素 B_1 添加量对褐变程度和香味的影响

项目	维生素 B_1				
	1%	3%	5%	7%	9%
$ABS\lambda_{420\,nm}$	0.262	0.242	0.267	0.224	0.274
香味	肉香浓，有刺激气味	肉香味最浓，无刺鼻气味	肉香浓	肉香浓	肉香浓

6. 可溶性固形物含量的影响

经多重比较和分组，得出固形物含量为 17% 的样品风味品质最佳。由表 2-47 可知，随着固形物含量的增加，肉香味先是增加后被焦糊味逐渐掩盖，褐变程度持续增加。

表 2-47　固形物含量对褐变程度和香味的影响

项目	固形物含量				
	7%	17%	27%	37%	47%
$ABS\lambda_{420\,nm}$	0.131	0.267	0.435	0.601	0.776
香味	肉香淡	肉香味最浓，无刺鼻气味	肉香浓，有刺鼻气味	焦糊味开始出现	焦糊味，刺鼻气味

7. 反应温度的影响

经多重比较和分组得出，115℃反应条件下的样品风味品质最佳。由表 2-48 可知，在 85~105℃，基本没有肉香味和褐变产生，而在 115℃时，产生肉香，进一步提高温度后，样品产生焦糊味。

表 2-48　作用温度对褐变程度和香味的影响

项目	温　度				
	85℃	95℃	105℃	115℃	125℃
$ABS\lambda_{420\,nm}$	0.149	0.221	0.288	0.336	0.401
香味	无肉香味	无肉香味	肉香味浅	肉香味浓郁	焦糊味重

8. 反应时间的影响

经多重比较和分组，反应时间为 60 min 时，样品的风味品质最佳。由表 2-49 可知，随着时间的延长，肉香味逐渐增加、褐变程度逐步增强，但时间过久就会出现严重的焦糊味。

表 2-49　作用时间对褐变和香味程度的影响

项　目	时　间				
	40 min	60 min	80 min	100 min	120 min
ABSλ$_{420\,nm}$	0.268	0.294	0.356	0.442	0.438
香味	肉香味增加	肉香最浓	焦糊味重	焦糊味重	焦糊味重，刺鼻气味

（三）美拉德反应正交试验

单因素结果表明：温度（℃）、时间（min）/配方、pH 值等对美拉德反应产物的风味有显著影响。在此基础上设计四因素三水平正交试验，应用评分检验法对反应产物进行感官评定，因素和水平见表 2-50。以感官评分总和为指标，试验结果见表 2-51。

表 2-50　正交试验因素和水平

序号	A［温度（℃）］	B［时间（min）］	C［pH 值］	D［配方（g）］
1	110	50	6.5	1.35+1.05+0.75
2	115	60	7.0	1.5+1.2+0.9
3	120	70	7.5	1.65+1.35+1.05

表 2-51　正交试验结果与极差值

序号	A	B	C	D	综合评分
1	1	1	1	1	1.8
2	1	2	2	2	8.6
3	1	3	3	3	7.4
4	2	1	2	3	6.8
5	2	2	3	1	6.2
6	2	3	1	2	5.1
7	3	1	3	2	4.7
8	3	2	1	3	3.9
9	3	3	2	1	2.6
K_1	5.93	4.43	3.60	3.53	
K_2	6.03	6.23	6.00	6.13	
K_3	3.73	5.03	6.10	6.03	
R	2.30	1.80	2.50	2.60	

极差 R 的大小可用来衡量试验中相应因素作用的大小，从表 2-51 所显示的 R 值，可以得出影响热反应产物风味显著性从高到低的顺序为：D（配方）>C（pH 值）>A（温度）>B（时间）。

评分越高表明样品的肉香味越浓，从而得出最佳的条件组合为 $D_2C_2A_1B_2$，即 1.5 g D-木糖、1.2 g L-半胱氨酸盐酸盐、0.9g 硫胺素，pH 值 7.0，温度 110℃，时间 60 min。

（四）肉味香精风味成分分析

经优化后的方法制备得到的蚕蛹蛋白酶解产物经过美拉德反应后具有浓郁的肉香。对美拉德产物进行 GC-MS 检测，见图 2-55。经 GC-MS 分析，共检测出 41 种挥发性成分，具体结果见表 2-52。其中包括酮类（6 种）、醛类（5 种）、常用香料化合物（6 种）、吡嗪类（4 种）、含硫化合物（2 种）、酚类（2 种）、噻吩及噻唑类（3 种）等，其中噻唑类、吡嗪类、呋喃类化合物对肉味贡献比较大。

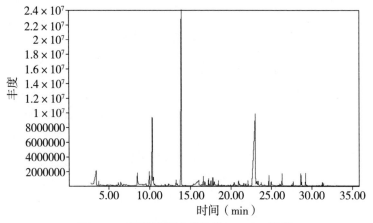

图 2-55　挥发性风味成分的 GC-MS 图谱

表 2-52　挥发性风味成分 GC-MS 结果

种类	保留时间（min）	化合物名称	峰面积	相对百分含量（%）
1	2.730	醋酸	240 407 165	5.84
2	3.076	羟基丙酮	23 069 182	0.56
3	3.177	2，3-戊二酮	10 324 243	0.25
4	3.980	嘧啶	15 626 288	0.38

（续表）

种类	保留时间 （min）	化合物名称	峰面积	相对百分含量 （%）
5	4.778	1，3，5-环庚三烯	10 407 074	0.25
6	4.895	2-甲基噻吩	12 127 264	0.29
7	5.505	异丁酸	38 904 857	0.94
8	6.170	2-甲基四氢呋喃-3-酮	43 183 096	1.05
9	6.831	2-甲基吡嗪	48 498 729	1.18
10	8.498	2-甲基-3-呋喃硫醇	25 978 636	0.63
11	9.692	3-甲基丁酸	29 714 665	0.72
12	9.956	3-甲巯基-2-丁酮	76 205 393	1.85
13	10.337	糠基硫醇	360 474 170	8.75
14	11.913	2-羟基吡啶	14 775 215	0.36
15	12.329	苯乙醛	31 309 065	0.76
16	13.107	4-甲基戊酸	24 264 387	0.59
17	13.417	二氢-2-甲基-3（2H）-噻吩酮	13 239 990	0.32
18	13.864	2，3，5-三甲基吡嗪	44 257 610	1.07
19	16.237	仲班酸（乙二酰脲）	204 634 336	4.97
20	16.374	3-氟-4-甲氧基苯胺	2 841 013	0.07
21	16.466	3-乙基-2，5-甲基吡嗪	6 794 801	0.17
22	16.822	2，3，5，6-四甲基吡嗪	525 220 149	12.76
23	17.528	1，3，5-三噻烷	56 001 815	1.36
24	17.924	3-甲基噻吩醛	11 292 379	0.27
25	19.053	胡椒醛	36 123 150	0.88
26	20.394	乙基麦芽酚	18 900 948	0.46
27	20.623	癸醛	5 895 978	0.14
28	20.978	异戊酸	53 113 061	1.29
29	21.598	2，5-噻吩二甲醛	7 182 148	0.17
30	21.832	2-巯基哌啶	7 631 377	0.19
31	22.117	5-甲巯基四氮唑	131 050 441	3.18
32	23.047	4-甲基-5-（β-羟乙基）噻唑	1 694 457 344	41.15
33	24.703	3-氨基-5-巯基-1,2,4-三氮唑	145 230 055	3.53
34	26.126	1，6-二甲基萘	12 097 743	0.29
35	26.314	莫达林	49 393 751	1.20
36	27.280	2-乙基哌啶	8 415 228	0.20
37	27.437	2-哌啶甲酸乙酯	14 386 407	0.35
38	27.925	环癸烷	7 956 857	0.19
39	28.708	2，4-二叔丁基苯酚	12 291 253	0.30
40	29.191	2，4-二甲基噻唑	19 838 054	0.48
41	29.333	2-戊基环戊酮	18 608 003	0.45

注：表中所列均为定性化合物，百分含量均以定性化合物峰面积总量计算

噻唑类化合物已经被证明是肉类特征风味的主要成分之一，能赋予产品肉香、烤香、坚果香的气息，本样品检测到的有 4-甲基-5-（β-羟乙基）噻唑（相对含量达 41.15%），本试验样品检测出的糠（基）硫醇含量也是相对比较高的，鉴定出的醛、酮类种类是最多的，有糠醛、3-甲巯基-2-丁酮、2-甲基四氢呋喃-3-酮等。鉴定出的 2-甲基吡嗪、2，3，5，6-四甲基吡嗪等物质对产品整体肉香味起到一定的提升作用。以蚕蛹蛋白酶解产物为原料，经美拉德反应制备的产品具有明显的肉香味，可以作为一种新型的呈味基料。

（五）肉味香精分子量分布

对美拉德反应前后的蚕蛹蛋白酶解产物进行分子量测定。分析结果如表 2-53 所示。结果表明：经过美拉德反应后，蚕蛹蛋白酶解液的分子量总体变小，其中分子量小于 1 kDa 的组分含量增加了 4.49%。总体来讲，美拉德反应前后，酶解产物的分子量均在 10 kDa 以下。美拉德反应是复杂的反应过程，多肽降解、聚结或氨基酸裂解、聚合会先后或同时出现在反应过程中。美拉德反应需要消耗更多的游离氨基酸，打破了体系中肽和氨基酸的平衡，使其以肽降解为主，获得游离氨基酸补偿，降低多肽的含量；另外，肽或氨基酸会直接与葡萄糖或其衍生物聚合成分子量大于 3 kDa 的多肽。结果表明，在美拉德反应过程中，蚕蛹酶解产物中的肽段以降解为主。

表 2-53 蚕蛹蛋白酶解液美拉德反应前后的分子量分布

样品名称	分子量分布				
	10 k~5 kDa	5 k~3 kDa	3 k~1 kDa	<1 kDa	<10 kDa 合计）
酶解液	0.08%	2.55%	21.95%	75.40%	99.98%
酶解液美拉德产物	0.04%	1.81%	18.26	79.89%	100.00%

（六）小结

（1）以脱脂蚕蛹粉为原料，经酶解及美拉德反应制备的产品具有浓郁的肉香和烤香味。利用蚕蛹蛋白的酶解物合成肉类香精，变废为宝，为蚕蛹蛋白的综合利用提供了一条有效的途径。

（2）美拉德反应制备蚕蛹蛋白资源肉味香精的最佳条件为：酶解液 30 ml、1.5 g D-木糖、1.2 g L-半胱氨酸盐酸盐、0.9 g 硫胺素，pH 值 7.0，温度 115℃，时间 60 min。

（3）美拉德反应产物含有 28 种挥发性风味成分，其中主要含有肉香气息浓的物质：4-甲基-5-（β-羟乙基）噻唑、糠（基）硫醇、2-甲基-3-呋喃硫醇等，这些是肉香味的主要来源。

（4）经过美拉德反应后，蚕蛹蛋白酶解液的分子量总体变小。

六、模拟缫丝工艺对蚕蛹制备呈味基料的影响

1. 不同处理对蚕蛹酶解液美拉德反应产物感官风味的影响

美拉德反应是由还原糖和氨基酸、肽或蛋白质之间发生的非酶反应，也是大部分风味化合物形成的主要途径，可以改善食品的色、香、味。经美拉德反应后的蚕蛹酶解液均具有浓郁的肉香，结果如表2-54所示。经漂烫灭酶处理的酶解产物经美拉德反应后，肉香味明显增加，苦味和蚕蛹本身的腥味均被有效除去。

表2-54　不同处理的美拉德反应产物的感官评定

样品	肉香味	苦味	腥味
对照	++	+	+
漂烫	+++	-	-
脱衬模拟	++	-	+
脱衬模拟+烘干	++	-	-

注："+"表示"有"，"-"表示"没有"；"+"的多少表示程度的强弱

2. 不同处理对蚕蛹脂肪酸组成的影响

脂类物质在发生水解、氧化及美拉德等系列反应后，可以形成醛、酮等风味物质，是风味形成中起重要作用的物质之一。因此，研究脂肪酸组成的变化对蚕蛹呈味基料的风味形成具有重要意义。不同处理对脂肪酸的影响如表2-55所示。结果表明，不同处理方式对蚕蛹脂肪酸的组成影响不大。漂烫灭酶和脱衬模拟分别检测出脂肪酸13种、14种，对照检测出脂肪酸14种。两种处理方式与对照的十八烯酸含量均为最高，分别为37.36%、36.14%、36.41%，而异构体的出现可能是由于双键有活动性的缘故。其次为棕榈酸（29.20%、28.24%、28.79%）和亚麻酸（18.58%、20.11%、18.91%）。由于蜡酸（对照）、异硬脂酸（脱衬模拟）、十一烯酸（脱衬模拟）、9-十二烯酸（对照及漂烫灭酶）的含量极低，推测对风味的影响并不大。比较3种样品中饱和脂肪酸（saturated fatty acid，SFA）和不饱和脂肪酸（unsaturated fatty acid，UFA）的含量可知，不饱和脂肪酸在3种样品中的含量都远超于其饱和脂肪酸的含量，这在一定程度上能够说明蚕蛹呈

味基料具有良好的风味和营养价值。

表 2-55　不同处理对蚕蛹脂肪酸组成的影响

脂肪酸名称		相对含量（%）		
		对照	漂烫灭酶	脱衬模拟
饱和脂肪酸	月桂酸	0.04	0.04	0.03
	肉豆蔻酸	0.23	0.22	0.22
	十五碳酸	0.05	0.05	0.05
	棕榈酸	28.79	29.20	28.24
	十七酸	0.19	0.18	0.18
	硬脂酸	9.04	8.83	8.51
	十九酸	0.11	0.10	0.12
	花生酸	0.36	0.32	0.35
	蜡酸	0.27		
	异硬脂酸			0.04
	总计	39.08	38.94	37.74
不饱和脂肪酸	十一烯酸			0.09
	9-十二烯酸	0.10	0.09	
	十六烯酸	1.17	1.06	1.24
	8-十八烯酸		37.36	36.14
	9-十八烯酸	36.41		
	亚油酸	4.33	3.97	4.68
	亚麻酸	18.91	18.58	20.11
	总计	60.92	61.06	62.26

注：空白表示未检出；以上脂肪酸均由干物质提取制备检测，故脱衬模拟与脱衬模拟+烘干合并为一组

3. 不同处理对蚕蛹酶解液水解度的影响

不同处理对蚕蛹酶解程度的影响如图 2-56 所示。结果表明，三种处理均可在一定程度上提高蚕蛹的水解度。其中漂烫灭酶处理后的样品水解度最高（23.88%），依次为脱衬模拟+烘干（14.58%）>脱衬模拟（13.32%）>对照（12.57%）。热处理（漂烫灭酶）与碱处理（脱衬模拟）的差异显著，这可能是由于两种不同方式处理导致蛋白变性程度不同的结果。由此推测可能由于脱衬模拟条件的碱浓度过高，引起蛋白质过度变性，溶解度

下降，酶解过程中蛋白分子与酶分子之间的碰撞概率降低，从而导致水解度不高。

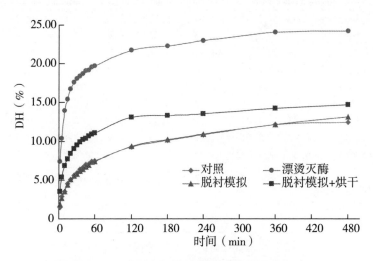

图 2-56 不同处理对蚕蛹酶解液水解度的影响

4. 不同处理对蚕蛹酶解液氨基酸组成的影响

三种处理方式制备的酶解产物氨基酸组成如表 2-56 所示。结果表明，不同处理之间总氨基酸的差异不大，而游离氨基酸的组成存在显著差异。其中漂烫灭酶的肽类鲜甜味氨基酸占总鲜甜味氨基酸的比例最高（76.90%），依次为脱衬模拟+烘干（74.81%）和脱衬模拟（64.79%）。漂烫灭酶在三种处理中呈味最佳，与对照相比，三种处理的肽类氨基酸均为下降趋势，这可能是预处理增加了酶解液中游离氨基酸比例的原因。

表 2-56 不同处理对蚕蛹酶解液氨基酸组成的影响

氨基酸种类	总氨基酸（%）				游离氨基酸（%）			
	样品 1	样品 2	样品 3	样品 4	样品 1	样品 2	样品 3	样品 4
天冬氨酸（Asp）	10.25	10.23	10.35	10.47	1.33	2.07	5.41	2.52
苏氨酸（Thr）	4.98	4.87	4.90	4.88	5.60	7.33	6.26	5.98
丝氨酸（Ser）	5.27	5.24	5.25	4.97	5.56	6.08	6.34	5.23
谷氨酸（Glu）	13.30	12.64	13.49	13.03	4.44	3.87	12.31	7.85
甘氨酸（Gly）	4.57	4.62	4.60	4.38			1.10	
丙氨酸（Ala）	5.91	5.71	5.95	5.85	3.95	3.78	3.80	3.63
半胱氨酸（Cys）	0.59	0.47	0.47	0.47	1.25	1.06		0.94

（续表）

氨基酸种类	总氨基酸（%）				游离氨基酸（%）			
	样品 1	样品 2	样品 3	样品 4	样品 1	样品 2	样品 3	样品 4
缬氨酸（Val）	7.00	7.62	7.14	6.87	8.18	9.00	8.99	8.29
蛋氨酸（Met）	3.92	3.86	4.30	3.93	3.37	1.55	2.45	3.13
异亮氨酸（Ile）	4.60	4.32	4.68	4.46	6.12	6.63	6.94	6.33
亮氨酸（Leu）	7.31	7.17	7.44	7.31	11.16	11.56	11.67	13.27
酪氨酸（Tyr）	5.14	8.23	4.70	7.74	9.39	10.72	3.52	9.58
苯丙氨酸（Phe）	4.91	4.56	4.93	4.95	7.59	7.79	7.76	8.82
赖氨酸（Lys）	7.73	7.07	7.77	7.12	10.16	10.41	9.23	9.22
组氨酸（His）	4.97	5.01	4.81	4.58	8.86	7.83	5.59	5.07
精氨酸（Arg）	5.29	4.65	5.29	5.19	10.20	8.65	7.18	8.65
脯氨酸（Pro）	4.26	3.73	3.93	3.80	2.84	1.67	1.45	1.49
肽类鲜甜味氨基酸占总鲜甜味氨基酸的比例（%）					79.15	76.90	64.79	74.81

注：样品 1. 对照；样品 2. 漂烫灭酶；样品 3. 脱衬模拟；样品 4. 脱衬模拟+烘干；空白表示未检出；鲜甜味氨基酸指 Asp、Thr、Ser、Glu、Gly、Ala 六种氨基酸

5. 不同处理对蚕蛹酶解液美拉德反应产物挥发性风味物质的影响

肉香味的物质组成较为复杂，种类颇多，其中醛、酮、吡嗪、呋喃以及含硫化合物等是肉香味组成的主要贡献者。表 2-57 结果表明，不同处理的酶解液美拉德反应产物经 GC-MS 分析，其挥发性风味成分在物质组成及相对含量均差异较大，分别检测出 26 种、25 种、30 种挥发性风味物质，主要包括醛类、吡嗪类、呋喃类等化合物。

表 2-57　美拉德反应产物主要风味成分的种类及相对含量

类别	保留时间	化合物	分子式	相对含量（%）			
				样品 1	样品 2	样品 3	样品 4
醛类	2.278	异丁醛	C_4H_8O			1.68	3.89
	3.252	异戊醛	$C_5H_{10}O$	6.11	7.93	17.11	
	3.384	2-甲基丁醛	$C_5H_{10}O$	6.92			14.97
	7.079	己醛	$C_6H_{12}O$	1.04	1.41	1.25	
	11.407	3-甲硫基丙醛	C_4H_8OS	0.63			1.63
	11.188	庚醛	$C_7H_{14}O$		0.99	0.80	0.81
	13.515	苯甲醛	C_7H_6O	3.22	11.07	18.10	9.15
	15.054	正辛醛	$C_8H_{16}O$	2.92	3.31	4.62	2.61
	16.495	苯乙醛	C_8H_8O	1.93	1.64	2.08	2.91

（续表）

类别	保留时间	化合物	分子式	相对含量（%）			
				样品1	样品2	样品3	样品4
醛类	17.848	3-甲基-2-噻吩甲醛	C_6H_6OS	2.05	1.32	1.01	1.29
	18.53	壬醛	$C_9H_{18}O$	4.28	9.06	7.61	7.86
	21.67	癸醛	$C_{10}H_{20}O$	0.76	0.72	1.01	0.84
	23.321	反式-2-癸烯醛	$C_{10}H_{18}O$	0.48			
	23.525	2-苯基巴豆醛	$C_{10}H_{10}O$	0.26			
		总计		30.60	37.45	55.27	45.96
吡嗪类	4.971	吡嗪	$C_4H_4N_2$		2.52	0.83	2.72
	8.097	2-甲基吡嗪	$C_5H_6N_2$	4.75	3.36	1.21	2.53
	11.641	2,5-二甲基吡嗪	$C_6H_8N_2$	23.25	27.31		10.97
	12.337	2-乙烯基吡嗪	$C_6H_6N_2$	0.83			
	14.815	2-甲基-6-乙基吡嗪	$C_7H_{10}N_2$	1.83			
	14.981	2,3,5-三甲基吡嗪	$C_7H_{10}N_2$	3.85	5.99		1.76
	15.512	2-乙烯基-6-甲基吡嗪	$C_7H_8N_2$	2.89	1.82		
	17.547	2,5-二甲基-3-乙基吡嗪	$C_8H_{12}N_2$	7.02	3.95	2.48	1.99
	20.107	2-甲基-3,5-二乙基吡嗪	$C_9H_{14}N_2$	0.30			
	20.799	2-异戊基吡嗪	$C_9H_{14}N_2$	0.46			
	24.699	2,6-二甲基-3-丁基吡嗪	$C_{10}H_{16}N_2$	0.24			
		总计		45.42	44.95	4.52	19.95
呋喃类	2.658	2-甲基呋喃	C_5H_6O				2.57
	9.903	糠醇	$C_5H_6O_2$	2.63	1.73	1.27	1.95
	14.538	2-戊基呋喃	$C_9H_{14}O$	2.81	4.04	3.21	2.82
	21.222	2-庚基呋喃	$C_{11}H_{18}O$		0.45		
	22.201	3-苯基呋喃	$C_{10}H_8O$	0.90			
		总计		6.34	6.22	4.48	7.34
其他	1.918	甲硫醇	CH_4S				2.13
	2.181	二甲基硫	C_2H_6S			3.12	2.95
	4.202	乙酸	$C_2H_4O_2$	1.93			
	5.136	二甲基二硫	$C_2H_6S_2$	5.64	4.13	4.63	6.51
	7.025	正辛烷	C_8H_{18}		1.06	1.33	2.11
	10.711	苯并环丁烯	C_8H_8				0.36
	13.715	二甲基三硫	$C_2H_6S_3$	1.17	2.23	4.21	4.17
	15.575	2-乙酰基噻唑	C_5H_5NOS				2.14
	15.774	间异丙基甲苯	$C_{10}H_{14}$	0.52			
	15.774	邻异丙基甲苯	$C_{10}H_{14}$			1.62	
	15.93	右旋萜二烯	$C_{10}H_{16}$	3.52	2.41	17.34	3.85
	16.953	萜品烯	$C_{10}H_{16}$	0.46		1.44	0.68
	18.33	十一烷	$C_{11}H_{24}$				0.46
	18.963	1,2,3,4-四甲基苯	$C_{10}H_{14}$			0.70	

（续表）

类别	保留时间	化合物	分子式	相对含量（%）			
				样品1	样品2	样品3	样品4
其他	21.456	十二烷	$C_{12}H_{26}$		0.59		
	23.744	4-甲基-5-羟乙基噻唑	C_6H_9NOS	1.05			
	24.275	吲哚	C_8H_7N	0.12	0.19		
	24.489	邻氨基苯乙酮	C_8H_9NO	0.52	0.51	0.93	1.09
	27.036	十四烷	$C_{14}H_{30}$	0.18			
	29.392	十五烯	$C_{15}H_{30}$		0.26		0.30
	29.567	二十烷	$C_{20}H_{42}$	0.18			
	36.948	棕榈酸甲酯	$C_{17}H_{34}O_2$	1.07			
	39.285	油酸甲酯	$C_{19}H_{36}O_2$	1.29			
		总计		17.64	11.38	35.73	26.75

注：样品1. 对照；样品2. 漂烫灭酶；样品3. 脱衬模拟；样品4. 脱衬模拟+烘干；空白表示未检出

本试验样品鉴定出的醛类化合物的相对含量较高，最高为55.25%（脱衬模拟）。低含量的醛可以赋予产品脂香风味，但碳数低的直连醛通常产生特征臭味或令人不舒服的刺激性气味，如$C_6 \sim C_9$的醛有苦味或油腻味，$C_5 \sim C_7$的醛有油漆的刺激性气味，这可能是脱衬模拟处理的样品香气不足的原因之一。其次，样品检测到的吡嗪类化合物种类也较多，主要有2-甲基吡嗪、2,5-二甲基吡嗪、2,3,5-三甲基吡嗪、2,5-二甲基-3-乙基吡嗪。吡嗪类物质是美拉德反应典型的重要产物之一，其阈值低，具有坚果香、焦香和烤肉香，对肉香味的形成贡献较大，其中低分子肽（<500 Da）是吡嗪类化合物产生的主要贡献者。脱衬模拟处理样品中吡嗪类物质的减少，可能是源于酶解液中肽类氨基酸的减少。呋喃类化合物是脂质或硫胺素热降解的产物，大都具有强烈的肉香及极低的香气阈值，几乎能让所有食品产生香味。如不同处理的样品均检测到的2-戊基呋喃（漂烫灭酶最高，4.04%）是亚油酸的氧化产物，具有烧烤香、葱香、草香和可可豆风味，该物质阈值低（4 μg/kg），是动物脂肪受热氧化生成的常见风味物质之一。

总的来说，在三种处理方式的美拉德反应产物中，挥发性风味物质的种类及相对含量差异较大，这可能与预处理引起的水解度差异、氨基酸组成不同有关，从而使酶解液美拉德反应产物有所不同。

七、鲜茧缫丝蚕蛹制备呈味基料酶解工艺的优化

（一）单因素试验结果

1. 风味蛋白酶对鲜茧缫丝蚕蛹酶解特性的影响

风味蛋白酶对鲜茧缫丝蚕蛹酶解特性的影响如图 2-57 所示。结果表明：风味蛋白酶的最佳酶解条件为：底物浓度为 10%，pH 值为 7.0，酶添加量为 5%。当酶解时间为 8 h，DH 达 15.87%。

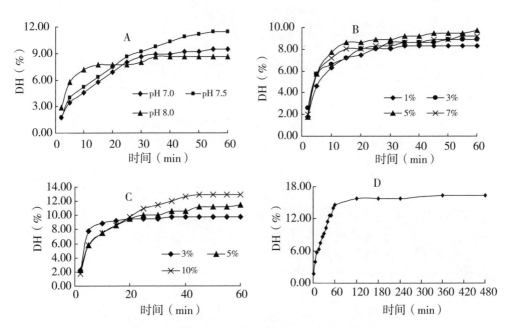

图 2-57　风味蛋白酶对鲜茧缫丝蚕蛹酶解特性的影响 ［DH 随 pH（A）、酶添加量（B）、底物浓度（C）、时间（D）的变化趋势］

2. 碱性蛋白酶 B 对鲜茧缫丝蚕蛹酶解特性的影响

碱性蛋白酶 B 对鲜茧缫丝蚕蛹酶解特性的影响如图 2-58 所示。结果表明：碱性蛋白酶 B 的最佳酶解条件为：底物浓度为 10%，pH 值为 8.0，酶添加量 5%。当酶解时间为 8 h，DH 达 17.06%。

（二）不同酶解方式对氨基氮含量的影响

图 2-59 结果表明，两种酶的不同组合方式酶解鲜茧缫丝蚕蛹，所得的氨基氮含量有不同程度的差异，部分存在显著性差异（$p<0.05$）。当风味蛋白酶

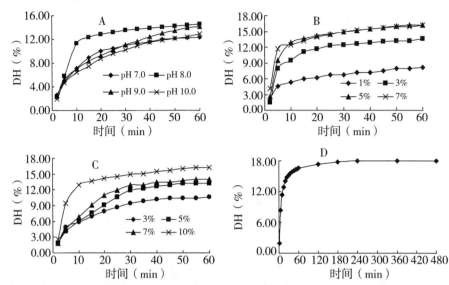

图 2-58 碱性蛋白酶 B 对鲜茧缫丝蚕蛹酶解特性的影响 [DH 随 pH（A）、酶添加量（B）、底物浓度（C）、时间（D）的变化趋势]

和碱性蛋白酶 B 的总添加量为 5%，质量比为 1∶0.85 时，复合酶解液中的氨基氮含量最高，达 303.93 mg/100 ml。总体来说，复合酶解液的氨基氮含量较单酶酶解液高，这表明两种不同的酶同时作用于底物时，可能会产生协同增效的作用，因此选用碱性蛋白酶 B 和风味蛋白酶的复合酶解作为鲜茧缫丝蚕蛹蛋白的水解方式。

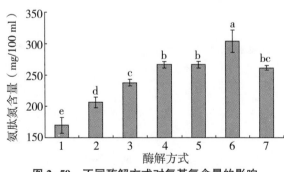

图 2-59 不同酶解方式对氨基氮含量的影响

注：1. 风味蛋白酶；2. 碱性蛋白酶 B；3. 风味蛋白酶∶碱性蛋白酶 B = 0.5∶1；4. 风味蛋白酶∶碱性蛋白酶 B = 1∶0.5；5. 风味蛋白酶∶碱性蛋白酶 B = 0.85∶1；6. 风味蛋白酶∶碱性蛋白酶 B = 1∶0.85；7. 风味蛋白酶∶碱性蛋白酶 B = 1∶1

（三）不同酶解方式对水解度及感官评分的影响

由表 2-58 可知，不同酶解方式对酶解产物的水解度和感官特性有着不同程度的影响。当风味酶与碱性蛋白酶 B 的添加质量比为 1 : 0.85 时，鲜茧缫丝蚕蛹酶解的水解度最高，达 25.09%，酶解产物的感官风味亦最好。此时的酶解液呈橙黄色，溶液澄清，鲜味突出，无腥味和苦涩味。

表 2-58　不同酶解方式对 DH 及感官评分的影响（$n \geqslant 3$, $\bar{x} \pm SD$）

酶种类	酶添加量（%）	DH（%）	感官评分
风味蛋白酶	5	15.87±0.39[d]	51.67±1.53[e]
碱性蛋白酶 B	5	17.06±0.69[d]	61.67±2.89[d]
风味蛋白酶+碱性蛋白酶 B	5（质量比=0.5:1）	19.80±0.42[c]	71.33±3.21[c]
风味蛋白酶+碱性蛋白酶 B	5（质量比=1:0.5）	22.99±0.00[b]	76.00±1.73[b]
风味蛋白酶+碱性蛋白酶 B	5（质量比=0.85:1）	19.07±1.60[c]	71.67±1.53[c]
风味蛋白酶+碱性蛋白酶 B	5（质量比=1:0.85）	25.09±0.69[a]	85.00±2.00[a]
风味蛋白酶+碱性蛋白酶 B	5（质量比=1:1）	17.24±0.82[d]	68.67±1.15[c]

（四）不同酶解方式对氨基酸的影响

从表 2-59 可以看出，不同酶解方式的总氨基酸、游离氨基酸及肽类氨基酸均存在不同程度的差异。总氨基酸含量除质量比为 0.5 : 1 和 1 : 0.5 的酶解方式外，其余酶解方式均存在显著性差异，游离氨基酸含量及肽类氨基酸含量在所有酶解方式中均差异显著。其中质量比为 1 : 0.85 的酶解组合方式的总氨基酸含量（64.30 mg/ml）、游离氨基酸含量（26.52 mg/ml）及肽类氨基酸含量（37.78 mg/ml）均为最高，与感官评分等指标相吻合。综上所述，选择风味蛋白酶与碱性蛋白酶 B 质量比为 1 : 0.85 的酶解方式最为合适。

表 2-59　不同酶解方式对氨基酸的影响

酶种类	酶添加量（%）	总氨基酸（mg/ml）	游离氨基酸（mg/ml）	肽类氨基酸（mg/ml）
风味蛋白酶	5	25.24±0.33[a]	19.14±0.08[c]	6.09±0.33[a]
碱性蛋白酶 B	5	28.70±0.21b	9.62±0.67[a]	19.08±0.21[d]
风味蛋白酶+碱性蛋白酶 B	5（质量比=0.5:1）	36.61±0.29[c]	25.57±0.24[f]	11.04±0.29[b]
风味蛋白酶+碱性蛋白酶 B	5（质量比=1:0.5）	37.15±0.24[c]	21.97±0.31[d]	15.18±0.24[c]
风味蛋白酶+碱性蛋白酶 B	5（质量比=0.85:1）	44.96±0.11[d]	22.90±0.02[e]	22.06±0.11[e]
风味蛋白酶+碱性蛋白酶 B	5（质量比=1:0.85）	64.30±0.21[f]	26.52±0.63[g]	37.78±0.21[g]
风味蛋白酶+碱性蛋白酶 B	5（质量比=1:1）	54.80±0.72[e]	18.15±0.14[b]	36.66±0.05[f]

八、蚕蛹酶解产物及 MRPs 的抗氧化活性和风味特性研究

（一）不同水解度对酶解产物抗氧化活性的影响

由图 2-60 可知，不同 DH 酶解产物的抗氧化能力存在不同程度的差异，对不同自由基清除能力的变化趋势大致相同，基本呈先减后增再减的趋势。其中 DPPH 清除能力最强的是 DH 为 15% 的产物（980.87 μmolTE/g），其次 DH 为 5% 的产物（966.03 μmolTE/g）；FRAP 最高的是 DH 为 0% 的产物（1 749.03 μmolTE/g），其次为 DH 为 20% 的产物（1 602.15 μmolTE/g）；ABTS 最高的为 DH 为 20% 的产物（6.48 mmol TE/g），其次为 DH 为 0% 的产物（6.39 mmol TE/g）。以上结果说明，未酶解的蚕蛹蛋白也具有一定的抗氧化能力，甚至比水解产物的抗氧化能力好。随着 DH 的增加，酶解产物的抗氧化性逐渐增强，这是因为经过酶水解后，将蛋白质的肽链打开，生成了具有抗氧化能力的活性肽，从而提高了产物的抗氧化特性。而随着 DH 的进一步提高，具有抗氧化能力的肽段结构被破坏，使其活性降低，因此，只有在特定的 DH 下，蛋白质水解产物才具有较强的抗氧化能力。综合酶解产物的呈味特性及抗氧化能力，选择 DH 为 20% 的产物作为分级超滤及后续试验操作的初始料液。

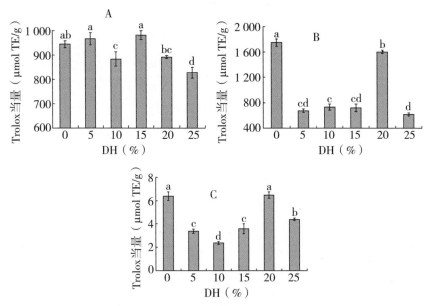

图 2-60 不同 DH 对酶解产物抗氧化活性的影响

注：A—DPPH；B—FRAP；C—ABTS

（二）不同肽段及反应时间对 MRPs 抗氧化活性的影响

由图 2-61 可以看出，不同肽段及反应时间的 MRPs 的抗氧化能力存在不同程度的差异。同一肽段的 MRPs 的抗氧化能力随反应时间的延长呈逐渐增加的趋势，同一反应时间的 MRPs 的抗氧化能力则基本呈 PPHs-2 >PPHs-1>PPHs 的趋势，其中反应时间为 60 min 的 PPHs-2 的 DPPH 清除能力、铁离子还原能力及总抗氧化能力均为最高，分别为 963.09 μmolTE/g、1 507.56 μmolTE/g 及 6.16 mmolTE/g。研究表明，蛋白酶解产物的抗氧化能力与其分子量大小具有一定相关性，通常分子量越小，抗氧化能力越强。

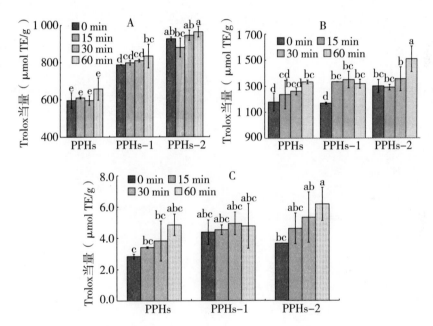

图 2-61　不同肽段及反应时间对 MRPs 抗氧化活性的影响

注：A—DPPH；B—FRAP；C—ABTS

（三）挥发性成分的变化

由表 2-60 可以看出，美拉德反应时间越长，生成的挥发性风味物质种类越多，不同肽段和氨基酸组成对挥发性风味物质的种类及含量均存在影响。

表2-60 不同反应时间对MRPs挥发性风味物质的影响

化合物	种类及含量	0 min			15 min			30 min			60 min		
		PPHs	PPHs-1	PPHs-2	PPHs	PPHs-1	PPHs-2	PPHs	PPHs-1	PPHs-2	PPHs	PPHs-1	PPHs-2
吡嗪类	种类	0	0	0	0	2	2	3	6	6	8	9	4
	相对含量（%）	0.00	0.00	0.00	0.00	9.27	7.58	17.39	35.63	27.51	38.60	53.94	25.53
醛类	种类	2	0	4	1	3	1	1	1	2	3	1	2
	相对含量（%）	3.80	0.00	27.59	7.34	3.44	2.36	2.58	3.95	4.75	2.84	4.43	3.89
酮类	种类	1	0	1	1	1	1	2	1	1	2	2	2
	相对含量（%）	3.32	0.00	5.92	1.39	5.76	5.42	2.32	0.86	1.05	3.42	2.89	3.51
醇类	种类	1	1	1	1	1	1	2	1	2	1	2	0
	相对含量（%）	1.00	0.66	1.46	9.46	0.86	0.99	7.60	8.63	6.22	1.07	1.41	0.00
酯类	种类	1	1	2	0	1	2	2	1	1	1	1	1
	相对含量（%）	5.00	36.64	36.41	0.00	19.20	23.87	25.07	12.66	3.56	2.43	0.61	4.00
其他	种类	2	1	3	3	2	3	3	2	4	6	3	4
	相对含量（%）	86.88	62.71	28.62	81.81	61.47	59.78	45.05	38.26	56.91	51.64	36.72	63.07

0 min 的产物中没有检测到吡嗪类物质，而随着反应时间的延长，吡嗪类物质的含量呈上升趋势，种类也逐渐增加。在同一反应时间下，PPHs-1 生成的吡嗪类化合物含量最高，其次是 PPHs-2。在检测到的 12 种吡嗪类化合物中，2，5-二甲基吡嗪具有烤香和肉香，2-乙基-3，6-二甲基吡嗪具有坚果香，两者的含量较高，推测其可能是产物肉香味的主要来源。

醛类是酶解液和各肽段的主要风味物质，其中检测到的醛类化合物中壬醛和异戊醛的含量较高。酯类在 4 个反应时间的产物中均有检出，其中乙醇酸乙酯、2-羟乙基甲酸酯及丁酸甲酯的含量较高，呈味阈值较低，也是反应产物的主要呈味物质。此外，还检出了较多的其他挥发性化合物，其中二甲基三硫具有肉香、洋葱和蔬菜香气，且阈值极低（0.005 μg/kg）对产物的风味影响较大；十一烷具有杂醇气味，除 0 min 的 PPHs-2 外，其含量均超过 35%，然而烷烃的呈味阈值较高，因此推测其对呈味有一定的贡献，但对整体的风味贡献并不大。

第五节　蚕蛹油的精制工艺和降血糖、降血脂机制

一、蚕蛹油的精制工艺

（一）蚕蛹油的脱胶工艺

由表 2-61 可知：磷酸添加量对蚕蛹油脱胶后的得率影响不大，因此，综合成本考虑，确定蚕蛹油脱胶过程中的磷酸添加量为油重的 1%。

表 2-61　磷酸添加量对精制结果的影响

试验号	磷酸添加量（%）	蚕蛹油得率（%）
1	1	96.11±1.32
2	2	95.78±0.82
3	3	95.28±0.28
4	4	95.14±0.52
5	5	94.57±0.42

（二）蚕蛹油脱酸工艺

以酸价作为检测指标，对脱胶后的蚕蛹油分别进行碱浓度与超碱量的

单因素试验。粗油的酸价为 17.05 mgKOH/g。

1. 碱浓度对精制结果的影响

由表 2-62 可知：在蚕蛹油脱酸过程中，随着碱浓度的增加，蚕蛹油的酸值不断降低，皂角的硬度则不断增加，酸值降低的趋势在碱浓度达到 14%后逐渐变缓。碱液浓度为 14%时中性油得率较高且皂角硬度合适，因此确定脱酸工艺中的碱浓度为 14%。

表 2-62 碱浓度对精制结果的影响

试验号	碱浓度（%）	皂角情况	油得率（%）	中性油酸值（mgKOH/g）	色泽
1	10	稀	84.35±0.72	1.31±0.23	深
2	11	稀	82.23±2.79	1.13±0.19	深
3	12	稀	78.11±3.63	0.96±0.18	深
4	13	较稀	72.77±2.63	0.80±0.20	较深
5	14	较硬	70.68±1.03	0.63±0.15	较浅
6	15	较硬	66.58±0.96	0.50±0.06	较浅
7	16	较硬	63.95±0.60	0.44±0.10	较浅
8	17	较硬	60.38±2.03	0.39±0.03	较浅

2. 超碱量对精制结果的影响

由表 2-63 可知：随着超碱量的增加，蚕蛹油的酸值逐渐降低，油的得率也逐渐降低。由于一级成品油的质量标准中酸值不能高于 0.2 mgKOH/g，且过低的得率不利于蚕蛹油的精制，所以应在保持低酸值的基础上提高中性油的得率。当超碱量为 74.4%，脱酸过程中皂角的硬度合适，蚕蛹油的酸值下降至 0.18 mgKOH/g，得率达到 68.45%。因此确定脱酸工艺中的超碱量为 74.4%。

表 2-63 超碱量对精制结果的影响

试验号	超碱量（%）	皂角情况	中油得率（%）	中性油酸值（mgKOH/g）	色泽
1	40.0	稀	77.37±4.52	0.69±0.13	较深
2	55.9	稀	73.55±5.17	0.50±0.08	较深
3	65.3	较稀	70.28±2.78	0.33±0.07	较浅
4	74.4	较硬	68.45±3.92	0.18±0.05	浅
5	82.7	较硬	65.77±1.84	0.14±0.04	浅
6	90.0	较硬	60.31±4.82	0.09±0.04	浅

3. 蚕蛹油的脱色工艺

由表 2-64 可知：三种脱色剂脱色效果不一，尽管活性炭处理的油得率稍低，但颜色金黄透明，综合考虑选用活性炭作为蚕蛹油的脱色剂。因此确定活性炭为蚕蛹油脱色工艺中的脱色剂，且用量为油重的 4%。

表 2-64　脱色剂对精制结果的影响

试验号	脱色剂	蚕蛹油得率（%）	色泽
1	活性炭	81.57±3.52	金黄色透明
2	沸石	86.79±2.92	金黄色半透明
3	脱色白土	91.23±3.96	金黄色浑浊

（三）蚕蛹油的感官及理化性质

油脂的感官与理化性质可以直接反映油脂品质的高低，因此对精炼后的蚕蛹油进行感官和理化性质分析以对其质量作出评价（表 2-65）。

表 2-65　蚕蛹油的感官及理化指标

项目	蚕蛹粗油	蚕蛹精油
外观	红棕色、浑浊	金黄色、澄清
气味	明显腥臭味	淡腥味
酸价（mgKOH/g）	17.05±0.04	0.18±0.05
过氧化值（mmol/kg）	0.89±0.25	0.42±0.13

提取后的蚕蛹粗油颜色较深，呈深棕色，稍显浑浊，且带有其特有的腥臭味，经过各精制工艺后，蚕蛹油在色泽及气味方面有较明显改善。

蚕蛹粗油的酸价和过氧化值较高，精制后其酸价和过氧化值都得到较好控制，达到了国家一级成品油标准。

二、蚕蛹油中 α-亚麻酸的富集工艺研究

（一）尿包法单因素试验结果与分析

1. 脂肪酸与尿素比对包合产物的影响

由图 2-62 可知，随着尿素添加量的增加，α-亚麻酸的纯度不断升高、得率却不断下降。这是由于当尿素所占比例较小，有大部分饱和和单不饱和脂肪酸仍溶于溶剂乙醇中而未与尿素形成络合物析出，因此，α-亚麻酸的纯度低，得率高；随着尿素添加量的增加，饱和和不饱和脂肪酸不断地与尿素形成络合物从溶剂中析出，α-亚麻酸的纯度提高，得率降低。综上，

脂肪酸：尿素控制在（1:2）~（1:3）之间较为合适。

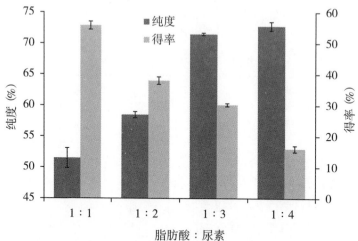

图2-62　脂肪酸：尿素对包合效果的影响

2. 包合温度对包合产物的影响

图2-63结果表明：随着试验温度的降低，包合产物中α-亚麻酸的含量逐渐升高。包合温度达到0℃后再降低温度，α-亚麻酸的含量几乎不变。由于尿素络合物的形成是一个放热过程，试验温度降低反而有利于尿素络合物的形成，使尿素不断包合饱和脂肪酸从溶液中析出，α-亚麻酸的含量升高。随着脂肪酸不饱和度的增加，形成尿素络合物所释放的热量逐渐降

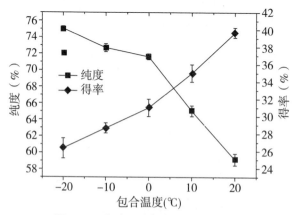

图2-63　包合温度对包合效果的影响

低，在温度达到 0℃后继续降低温度，α-亚麻酸含量提升不明显。因此，包合温度控制在-10~0℃较为合适。

3. 包合时间对包合产物的影响

图 2-64 结果表明：随着包合时间的延长，饱和脂肪酸与尿素形成的包合络合物不断析出，α-亚麻酸的含量逐渐提高。包合时间达到 15 h 后，尿素晶体不再析出，溶解于乙醇溶液中的 α-亚麻酸分子不断运动到包合晶体的表面以及晶体与晶体之间，不断被吸附的 α-亚麻酸导致包合产物中 α-亚麻酸含量逐渐降低，收率也逐渐减少。因此，包合时间控制在 9~12 h 较为合适。

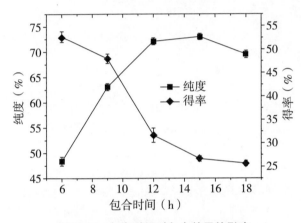

图 2-64　包合时间对包合效果的影响

4. 包合次数对包合产物的影响

由图 2-65 可看出：经过两次包合，包合产物中 α-亚麻酸的含量提高明显，但收率降低。但经过 3 次包合后，包合产物损失严重使得 α-麻酸含量降低，收率仍然减小。

（二）尿包法响应面试验结果与分析

1. 试验设计与结果回归分析

由单因素试验可知，不同因素对 α-亚麻酸富集的影响程度不同。选择脂肪酸尿素比、尿素乙醇比、包合温度、包合时间 4 个因素进行研究，因素水平见表 2-66。由中心组合试验设计原理 Box-Behnken 模型，设计响应面分析试验 4 因素 3 水平表，共有 29 个试验点。试验结果如表 2-69 所示，其中每个试验点试验 3 次，结果取平均值。

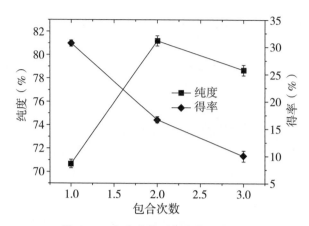

图 2-65　包合次数对包合效果的影响

表 2-66　响应面因素和水平

水平	A 脂肪酸：尿素	B 尿素：乙醇	C 包合温度（℃）	D 包合时间（h）
-1	2	8	-10	9
0	3	10	0	12
1	4	12	10	15

对表 2-67 中的试验结果运用 Design-Expert 7.1.3 软件进行多元回归拟合，得出二元多次方程如下：

$$Y = -223.841\ 42 + 34.707\ 00A + 34.518\ 33B + 0.810\ 08C + 10.280\ 06D - 0.305\ 00AB - 0.034\ 250AC + 0.111\ 67AD - 0.070\ 125BC - 0.162\ 92BD - 0.026\ 417CD - 4.552\ 42A^2 - 1.847\ 79B^2 - 0.012\ 099C^2 - 0.456\ 80D^2$$

表 2-67　响应面分析方案及试验结果

试验号	A	B	C	D	Y（α-亚麻酸纯度,%）
1	1	0	0	-1	74.17±0.41
2	0	0	1	-1	59.64±0.50
3	0	-1	-1	0	68.03±0.31
4	0	0	1	1	53.09±0.47
5	0	1	0	1	65.69±0.48
6	-1	-1	0	0	55.88±0.05
7	1	0	-1	0	60.23±0.28
8	1	-1	0	0	59.47±0.16
9	-1	1	1	0	66.73±0.64
10	1	1	0	0	62.39±0.72

（续表）

试验号	A	B	C	D	Y（α-亚麻酸纯度,%）
11	0	0	0	0	65.27±0.28
12	0	0	0	0	69.76±0.14
13	0	1	−1	0	53.47±0.28
14	1	0	1	0	72.39±1.23
15	1	0	0	1	73.07±0.92
16	0	0	0	0	61.32±0.95
17	0	0	−1	−1	66.25±0.58
18	−1	0	0	−1	62.90±0.85
19	−1	0	0	1	56.73±0.17
20	0	0	−1	1	63.27±0.05
21	0	−1	0	1	63.79±0.92
22	−1	1	0	0	70.78±0.10
23	0	1	0	−1	75.83±0.83
24	−1	0	−1	0	74.27±0.32
25	0	0	0	0	72.57±0.17
26	0	0	0	0	57.03±0.23
27	0	1	1	0	53.09±0.92
28	0	−1	0	−1	68.39±0.43
29	0	−1	1	0	67.03±1.52

表2-68为模型系数的显著性检验结果，表2-69为模型的方差分析结果。

表 2-68　模型回归系数显著性检验和结果

方差来源	平方和	自由度	均方	F 值	P	显著性
模型	1 253.07	14	89.50	35.90	<0.000 1	※※
A	387.49	1	387.49	155.44	<0.000 1	※※
B	93.74	1	93.74	37.61	<0.000 1	※※
C	116.00	1	116.00	46.53	<0.000 1	※※
D	177.25	1	177.25	71.11	<0.000 1	※※
AB	1.49	1	1.49	0.60	0.452 5	
AC	0.47	1	0.47	0.19	0.671 0	
AD	0.45	1	0.45	0.18	0.677 8	
BC	7.87	1	7.87	3.16	0.097 4	
BD	3.82	1	3.82	1.53	0.236 0	
CD	2.51	1	2.51	1.01	0.332 5	
A^2	134.43	1	134.43	53.93	<0.000 1	※※
B^2	354.35	1	354.35	142.15	<0.000 1	※※

（续表）

方差来源	平方和	自由度	均方	F 值	P	显著性
C^2	9.50	1	9.50	3.81	0.071 3	
D^2	109.63	1	109.63	43.98	<0.000 1	※※
残差	34.9	14	2.49			
失拟	27.18	10	2.72	1.41	0.396 6	
误差	7.72	4	1.93			
总和	1 287.96	28				

表 2-69　方差分析结果

分析项目	结果	分析项目	结果
标准差	1.58	拟合度	0.972 9
平均值	64.57	校正决定系数	0.945 8
变异系数（CV,%）	2.45	预测拟合度	0.869 1
感应值	168.62	信噪比	20.416

由表 2-68 和表 2-69 可以看出，试验结果与模型预测拟合度良好，模型的 $P<0.001$，说明试验模型高度显著。失拟项 $P=0.396\ 6>0.05$，表明失拟不显著，信噪比为 20.416>4，说明试验模型的拟合度较好。

2. 响应面分析

响应面图是响应值对所构成两两交互的三维空间曲面图，直观地反映了各因子对响应值的影响。各种组合的等高线与响应面如图 2-66a、图 2-66b 所示。

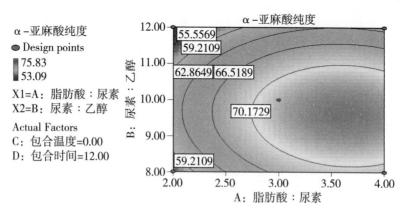

图 2-66a　脂肪酸：尿素（A）与尿素：乙醇（B）交互效应的等高线图

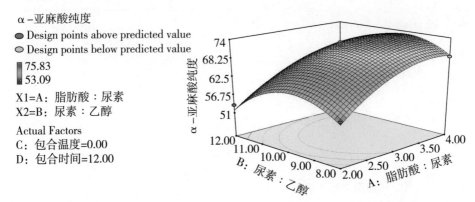

图2-66b　脂肪酸：尿素（A）与尿素：乙醇（B）交互效应的曲面图

由图2-66a和图2-66b可以看出，在包合温度0℃，包合时间12 h的条件下，在脂肪酸：尿素为1∶（2~4）范围内，α-亚麻酸纯度的变化趋势较平缓；而在尿素：乙醇为（3∶8）~（3∶12）范围内，α-亚麻酸纯度呈现先升高后下降的趋势。由AB等高线图可以看出，脂肪酸：尿素与尿素：乙醇的交互作用对α-亚麻酸的影响不显著。

由图2-67a和图2-67b可以看出，在尿素：乙醇为3∶10，包合时间12 h的条件下，在脂肪酸：尿素为1∶（2~4）范围内，α-亚麻酸纯度呈现逐渐升高的趋势；而在包合温度-10~10℃范围内，α-亚麻酸纯度变化趋势不明显。由AC等高线图可以看出，脂肪酸：尿素与包合温度的交互作用对α-亚麻酸的影响不显著。

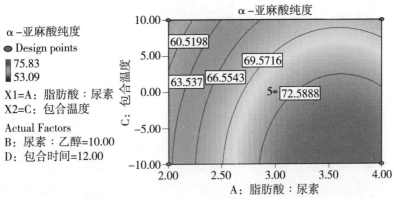

图2-67a　脂肪酸：尿素（A）与包合温度（C）交互效应的等高线图

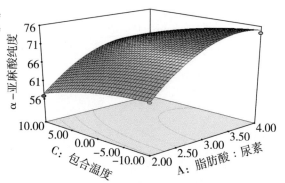

α-亚麻酸纯度
- ● Design points above predicted value
- ○ Design points below predicted value

75.83
53.09

X1=A：脂肪酸：尿素
X2=C：包合温度

Actual Factors
B：尿素：乙醇=10.00
D：包合时间=12.00

图2-67b 脂肪酸：尿素（A）与包合温度（C）交互效应的曲面图

由图2-68a和图2-68b可以看出，在尿素：乙醇为3∶10，包合温度0℃的条件下，在脂肪酸：尿素为1∶（2～4）范围内，α-亚麻酸纯度呈现逐渐升高的趋势；而在包合时间9～15 h范围内，α-亚麻酸纯度的变化趋势较平缓。由AD等高线图可以看出，脂肪酸：尿素与包合温度的交互作用对α-亚麻酸的影响不显著。

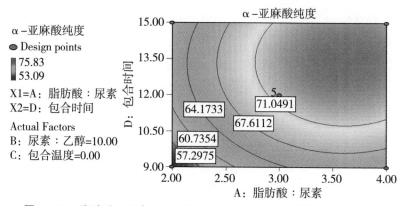

α-亚麻酸纯度
- ● Design points

75.83
53.09

X1=A：脂肪酸：尿素
X2=D：包合时间

Actual Factors
B：尿素：乙醇=10.00
C：包合温度=0.00

图2-68a 脂肪酸：尿素（A）与包合时间（D）交互效应的等高线图

由图2-69a和图2-69b可以看出，在脂肪酸：尿素为1∶3，包合时间12 h的条件下，在尿素：乙醇为（3∶8）～（3∶12）范围内，α-亚麻酸纯度呈现先升高后下降的趋势；而在包合温度-10～10℃范围内，α-亚麻酸纯度的变化不明显。由BC等高线图可以看出，尿素：乙醇与包合温度的交互作用对α-亚麻酸的影响不显著。

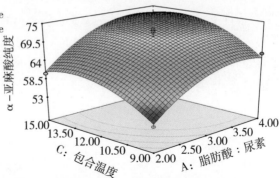

α-亚麻酸纯度
- Design points above predicted value
- Design points below predicted value

75.83
53.09

X1=A：脂肪酸：尿素
X2=D：包合时间

Actual Factors
B：尿素：乙醇=10.00
C：包合温度=0.00

图 2-68b　脂肪酸：尿素（A）与包合时间（D）交互效应的曲面图

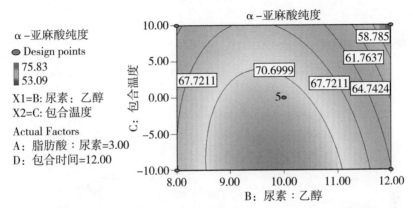

α-亚麻酸纯度
- Design points

75.83
53.09

X1=B：尿素：乙醇
X2=C：包合温度

Actual Factors
A：脂肪酸：尿素=3.00
D：包合时间=12.00

图 2-69a　尿素：乙醇（B）与包合温度（C）交互效应的等高线图

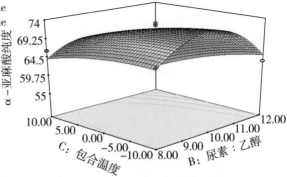

α-亚麻酸纯度
- Design points above predicted value
- Design points below predicted value

75.83
53.09

X1=B：尿素：乙醇
X2=C：包合温度

Actual Factors
A：脂肪酸：尿素=3.00
D：包合时间=12.00

图 2-69b　尿素：乙醇（B）与包合温度（C）交互效应的等高线图

由图 2-70a 和图 2-70b 可以看出，在脂肪酸：尿素为 1:3，包合温度 0℃的条件下，在尿素：乙醇为（3:8）~（3:12）范围内，α-亚麻酸纯度呈现先升高后下降的趋势；而在包合时间 9~15 h 范围内，α-亚麻酸纯度呈现逐渐升高的趋势。由 BD 等高线图可以看出，尿素：乙醇与包合时间的交互作用对 α-亚麻酸的影响不显著。

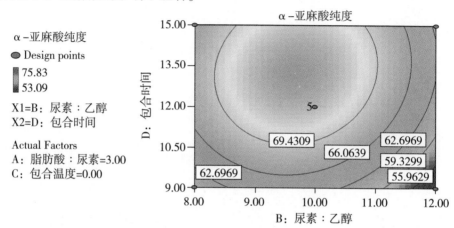

图 2-70a　尿素：乙醇（B）与包合时间（D）交互效应的等高线图

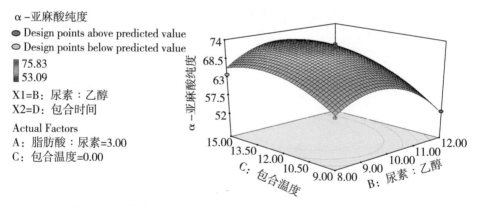

图 2-70b　尿素：乙醇（B）与包合时间（D）交互效应的曲面图

由图 2-71a 和图 2-71b 可以看出，在脂肪酸：尿素为 1:3，尿素：乙醇为 3:10 的条件下，在包合温度 -10~10℃ 范围内，α-亚麻酸纯度变化不明显；而在包合时间 9~15 h 范围内，α-亚麻酸纯度呈现逐渐升高的趋势。由 CD 等高线图可以看出，包合温度与包合时间的交互作用对 α-亚麻酸的影响不显著。

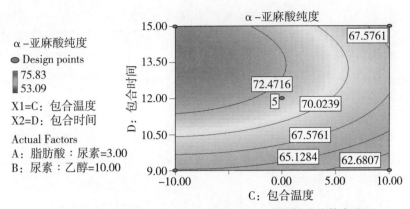

图 2-71a 包合温度（C）与包合时间（D）交互效应的等高线图

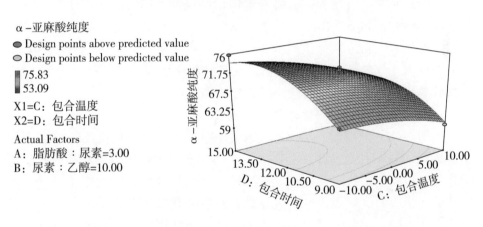

图 2-71b 包合温度（C）与包合时间（D）交互效应的曲面图

3. 验证试验

根据响应面试验数据，利用 Design Expert 7.0 软件计算的最佳工艺条件如下：脂肪酸：尿素为 1：3.68（取 3.7），尿素：乙醇为 3：8.74（取 9），包合温度为-8.39℃（取-8℃），包合时间为 10.39 h（取 10.5 h）。试验测得包合后蚕蛹油中 α-亚麻酸的含量为 82.36%，实际试验值与模型预测值（85.78%）基本一致。可见该模型能较好地预测实际尿素包合后蚕蛹油中 α-亚麻酸含量情况。

三、微胶囊的工艺优化

（一）微胶囊壁材的筛选

喷雾干燥 α-亚麻酸微胶囊壁材的试验结果见表 2-70。

表 2-70　壁材选择对微胶囊效果的影响

壁材	微胶囊化效率	喷雾干燥状态及成品感官
大豆蛋白+麦芽糊精	83.5	黏壁少，粉末均匀
明胶+黄原胶+蔗糖	62.4	黏壁，粉末不均匀

从表 2-70 中可以看出，选用麦芽糊精和大豆分离蛋白作为壁材时，蚕蛹油微胶囊的包埋效率较高，且得到的产品均匀、干燥、黏壁很少；又二者的原料成本低，都能作为营养源被消化吸收，故本试验选择大豆分离蛋白和麦芽糊精作为混合壁材。

（二）富含 α-亚麻酸的蚕蛹油微胶囊化的单因素试验

在微胶囊的制备过程中，喷雾干燥进风温度、壁材的复配比例、固形物含量、原材料的筛选、芯材与壁材比例和等因素都会对产品的质量产生影响。因此本研究将结合预试验的结果和有关文献资料，将试验中的壁材材料选用大豆分离蛋白和麦芽糊精，且对富含 α-亚麻酸的蚕蛹油的喷雾干燥微胶囊化过程中各影响因素进行单因素试验。

1. 壁材配比对微胶囊化效率的影响

由图 2-72 可以看出，随着大豆蛋白与麦芽糊精比例的提高，α-亚麻酸微胶囊化的效率升高，并在配比为 1:1 时达到最大。之后再提高壁材配比的比例，微胶囊化效率反而降低。这是因为大豆分离蛋白比例小时，由于大豆分离蛋白的良好成膜性与乳化性使微胶囊化效率较高，但大豆分离蛋白比例过大时，则会使料液黏度过大，从而不利于水分的蒸发，引起微胶囊包埋率的下降。因此大豆分离蛋白/麦芽糊精选择 1:1 较适宜。

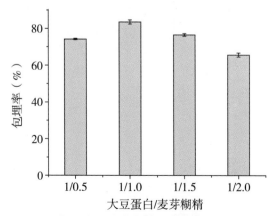

图 2-72　大豆蛋白/麦芽糊精对微胶囊化效率的影响

2. 芯材/壁材的 比例对微胶囊化效率的影响

由图 2-73 可以看出：α-亚麻酸的微胶囊化效率在芯材/壁材的比例提高到 1/1.5 时达到最大，再升高芯材/壁材的比例，其微胶囊化效率反而减小。因此，芯材/壁材的比例选择 1:1.5 较适宜。

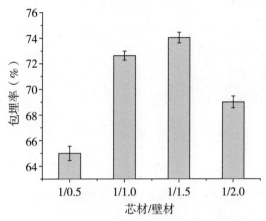

图 2-73　芯材/壁材的比例对微胶囊化效率的影响

3. 固形物含量对微胶囊化效率的影响

由图 2-74 可看出，固形物含量在 20%~25% 时，α-亚麻酸微胶囊化效率最高。因此，选取固形物含量 20%~25% 较适宜。

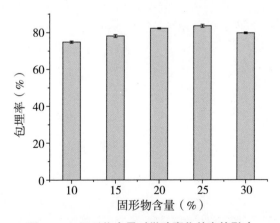

图 2-74　固形物含量对微胶囊化效率的影响

4. 进风温度对微胶囊化效率的影响

由图 2-75 可见，喷雾干燥进风温度选择 180~190℃时，蚕蛹油微胶囊化效率较高。

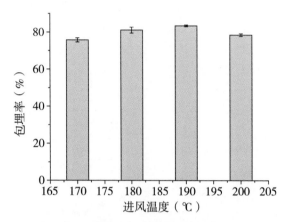

图 2-75　进风温度对微胶囊化效率的影响

（三）富含 α-亚麻酸蚕蛹油微胶囊化的正交试验

1. 正交试验的结果和分析

α-亚麻酸微胶囊化正交试验结果见表 2-71。

表 2-71　α-亚麻酸微胶囊优化的正交试验结果

试验号	A	B	C	D	包埋率（%）
1	0.5	1.0	20	180	69.2±0.70
2	0.5	1.5	25	190	74.0±0.47
3	0.5	2.0	30	200	60.0±1.22
4	1.0	1.0	25	200	73.8±0.31
5	1.0	1.5	30	180	74.5±0.55
6	1.0	2.0	20	190	73.8±0.26
7	1.5	1.0	30	190	67.6±0.81
8	1.5	1.5	20	200	67.8±1.37
9	1.5	2.0	25	180	68.1±1.16
K_1	67.733	70.2	70.267	70.6	
K_2	74.033	72.1	71.967	71.8	
K_3	67.833	67.3	67.367	67.2	
R	6.3	4.8	4.6	4.6	

由表 2-71 可知，各因素影响微胶囊包埋效率的顺序依次为：A＞C＝D＞B，即壁材的配比对微胶囊化效率影响最大，其次是固形物含量与进风温度，芯材/壁材对微胶囊化效率影响最小。

由表 2-72 可知，在试验所选择的因素和水平范围内，A（壁材复配比例）、B（芯材/壁材）、C（固形物含量）和 D（进风温度）对微胶囊化效率均有极显著影响。综合正交直观分析和方差分析结果，表明微胶囊包埋工艺最佳组合为 $A_2B_2C_2D_2$，即大豆分离蛋白/麦芽糊精为 1:1，芯材/壁材为 1:1.5，固形物含量为 25%，进风温度为 190℃。

表 2-72 方差分析

方差来源	自由度	偏差平方和	均方	F	$Pr>F$	显著性
A	2.0	232.8	116.389 26	160.01	<0.000 1	**
B	2.0	103.9	51.958 148	71.43	<0.000 1	**
C	2.0	97.5	48.730 37	66.99	<0.000 1	**
D	2.0	101.0	50.515 926	69.45	<0.000 1	**

2. 验证试验

在上述条件下进行验证试验，所得微胶囊包埋率为 84.8%，达到较高包埋率，且均高于各个正交试验结果，验证完成。因此喷雾干燥 α-亚麻酸微胶囊的最佳配方为大豆分离蛋白/麦芽糊精为 1:1，芯材/壁材为 1:1.5，固形物含量为 25%，进风温度为 190℃。

四、蚕蛹油精制过程中各指标的变化规律

（一）不同提取方法下精制各阶段的蚕蛹油的色泽变化

收集各精制阶段的蚕蛹油如图 2-80，利用色差仪测定不同提取、精制阶段油脂色泽的变化如表 2-73。

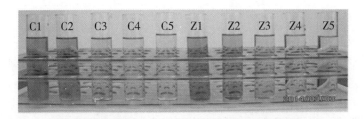

图 2-80 两种提取途径各精制各阶段的蚕蛹油

表 2-73　色差计测得精制阶段蚕蛹油样

ID	L^*	a^*	b^*	色差描述——矩形
C1 标样	42.23	0.56	70.01	
C2	42.92	-9.4	54.5	亮些，少红，少黄
C3	45.71	-9.17	29.44	亮些，少红，少黄
C4	48.68	-5.34	12.5	亮些，少红，少黄
C5	56.52	-5.24	12.58	亮些，少红，少黄
C2 标样	43.40	-0.82	85.71	
Z2	46.30	-9.76	85.71	亮些，绿些，少黄
Z3	47.47	-10.98	85.71	亮些，绿些，少黄
Z4	52.4	-4.52	85.71	亮些，绿些，少黄
Z5	58.73	-4.37	85.71	亮些，绿些，少黄

由图 2-80 和表 2-73 可以看出，亮度指标 L^* 随着精制阶段的进行颜色逐渐变浅，反映了两种不同方法提取的蚕蛹油，均随着精制阶段的进行，油样中的蛋白质、磷脂和色素等物质被脱除，油脂变得澄清透明。

（二）精制阶段中蛹油总抗氧化能力、总酚以及类胡萝卜素含量变化

不同阶段的蚕蛹油的各抗氧化指标见表 2-74。经 Duncan 分析，表 2-74 很明显可以看出两种不同提取方法所得蚕蛹油精制阶段的 FRAP、DPPH、TPC 和 TCC 水平存在显著性差异。这是由于原料、环境和提取工艺等因素的差异，造成蛹油中各抗氧化成分的不同，从而导致不同的评价方法的差异。

表 2-74　油脂精炼过程中 TPC、TCC 含量与总抗氧化能力 DPPH、FRAP 的水平

蛹油样品	FRAP（μmolFe^{2+}/100 g）	DPPH（μmolTE/100 g）	TPC（mgGA/100 g）	TCC（mgβ-carotene/100 g）
正己烷组（Mode 1）				
毛油 Z1	52.53±0.02	122.84±0.43	11.08±0.2	17.09±0.82
脱胶 Z2	45±0.47	113.93±0.4	8.34±0.17	15.04±0.97
脱酸 Z3	38.07±0.05	109.52±0.6	6.33±0.23	9.5±0.21
脱色 Z4	32.53±0.35	75.77±0.28	5.27±0.04	5.54±0.31

（续表）

蛹油样品	FRAP （μmolFe²⁺/100 g）	DPPH （μmolTE/100 g）	TPC （mgGA/100 g）	TCC （mgβ-carotene/100 g）
脱臭 Z5	28.59±0.25	70.28±0.31	4.67±0.32	5.25±0.2
超临界组（Mode 2）				
毛油 C1	131.19±0.57	120.36±0.26	18.85±0.55	22.73±1.68
脱胶 C2	90.28±2.49	105.64±0.15	12.05±0.26	14.03±2.67
脱酸 C3	72.64±2.49	98.31±0.56	10.56±0.34	9.58±1.29
脱色 C4	35.87±0.39	78.73±0.47	5.07±0.56	5.66±0.18
脱臭 C5	37.37±0.76	78.17±0.22	6.57±0.31	7.32±0.79

表 2-74 中数据结果显示：经超临界 CO_2 组（Mode 2）提取的蚕蛹油样的四项指标水平明显高于正己烷浸提组（Mode 1）的油样，其中 Mode 2 FRAP = 131.19＞Mode 1 FRAP = 52.53，Mode 2 TPC = 18.85＞Mode 1 TPC = 11.08，Mode 2 TCC = 22.73＞Mode 1 TCC = 17.09，可以预测 Mode 2 的提取工艺优于 Mode 1，这可能是由于超临界 CO_2 萃取技术的低温条件和高浓度 CO_2 环境对蛹油起到了很好的保护作用，降低了蚕蛹油氧化的程度。

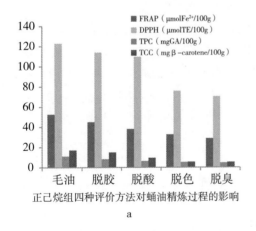

正己烷组四种评价方法对蛹油精炼过程的影响

a

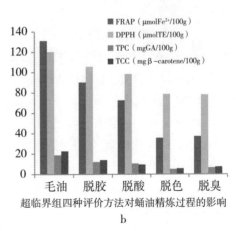

超临界组四种评价方法对蛹油精炼过程的影响

b

图 2-81　精制过程对 DPPH、FRAP、TCC 和 TPC 结果的影响

从图 2-81 可以看出，随着精制阶段的进行，各抗氧化指标基本呈下降趋势，说明精炼过程导致了油的抗氧化性能逐步降低，特别是脱色阶段抗氧化成分损失显著，可能是脱色的同时带走了大部分抗氧化物质，造成了精制油中含有的抗氧化成分很低，可见，外加抗氧化剂对油脂的保存十分重要，以 FRAP 为例，其中正己烷组损失 45.57%，超临界 CO_2 组损失 71.51%；b 组 FRAP、TCC、TPC 值在脱臭阶段都有略微上升趋势，可能原因是脱臭阶段造成部分水分被带走起到了浓缩效果。

（三）蛹油中总酚、类胡萝卜素与总抗氧化能力相关性

对 4 个指标的相关性进行分析得出了表 2-75，其中总抗氧化能力DPPH 和 FRAP 之间存在极好的相关性，总抗氧化能力 DPPH 与类胡萝卜素含量、总抗氧化能力 FRAP 与类胡萝卜素含量以及类胡萝卜素与总酚含量之间都存在极好的相关性（$p<0.001$）。

表 2-75　两种抗氧化评价方法和蛹油中 TPC、TCC 含量的相关性分析

	DPPH （X_2）	TPC （X_3）	TCC （X_4）
FRAP （X_1）	0.6	0.965**	0.803**
TCC （X_3）	0.894**	0.913**	
TPC （X_4）	0.734*		

注：** 表示 $p<0.001$ 的水平，* 表示 $p<0.05$ 的水平

总抗氧化能力 DPPH、FRAP 与总酚（TPC）含量存在显著相关（$r=0.734\sim0.965$），而总抗氧化能力 DPPH、FRAP 与类胡萝卜素（TCC）含量间存在极显著相关（$r=0.803\sim0.894$，$p<0.001$）；总抗氧化能力DPPH 与 FRAP 间相关性不显著（$r=0.6$）。

由表 2-75 中数据分析还可以看出，两种抗氧化评价方法各有侧重点，FRAP 与 TPC 相关性较大，DPPH 与 TCC 相关性较大，这可能跟其抗氧化原理的不同有关，FRAP 是利用还原金属离子的原理，DPPH 是利用清除自由基的原理。但总体来讲，蚕蛹油的抗氧化能力大小与总酚和类胡萝卜素的含量密切相关。

（四）主成分分析

将蛹油样品测得的四项指标进行主成分分析研究，得到四个主成分（表 2-76），其中第 1 主成分的特征值高达 3.463，方差贡献率为 86.564%。其他三个主成分（PC_2、PC_3、PC_4）的特征值逐渐减小（<1；分别为 0.472、0.056、0.009）不能很好地描述抗氧化的能力（总体<13.43%）因

此根据 Kaiser（1960），只有前两个主成分能够用于接下来的分析。主成分 1 与四个变量间呈正相关性：TPC（0.974）、TCC（0.971）、FRAP（0.909）、DPPH（0.864），而且 DPPH（0.488）和 TCC（0.159）对主成分 2 的贡献率较高。

表 2-76　主成分分析表

主成分	初始特征值			主成分 Matrixa		
	特征值	贡献率	累积贡献率	变量	PC$_1$	PC$_2$
PC1	3.463	86.564	86.56	TPC	0.974	−0.214
PC2	0.472	11.799	98.363	TCC	0.971	0.159
PC3	0.056	1.404	99.767	FRAP	0.909	−0.404
PC4	0.009	0.233	100	DPPH	0.864	0.488

由系数矩阵将两个公因子表示为 4 个指标的线性形式，因子得分函数为：PC$_1$=0.769ZX$_1$−0.509ZX$_2$+0.513ZX$_3$−0.018ZX$_4$

PC$_2$=−0.458ZX$_1$+0.933ZX$_2$−0.148ZX$_3$+0.438ZX$_4$。

以主成分 1 为 X 轴，主成分 2 为 Y 轴做四个变量的因子得分函数如图 2-82，由对应分析图的规律可知：①Z1、Z2、Z3 散点靠的比较近，显然这三个阶段之间存在关联，说明正己烷组由毛油经脱胶、脱酸工艺后总抗氧化能力变化不大。②同理，C1、C2、C3 三点相对较近，说明经超临界提取的毛油经过脱胶和脱酸后总抗氧化能力相差不大。③Z4、Z5、C4、C5 四

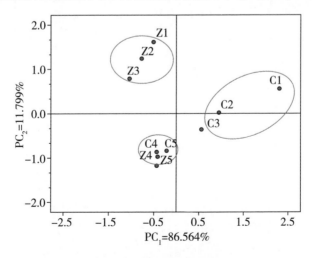

图 2-82　因子得分分析图

点靠的非常近，表明关联性较大，说明两种提取工艺经过精制后样品的总抗氧化能力趋向同一水平。④Z1、Z2、Z3 与 C1、C2、C3 两组散点图的分布较远，说明不同的毛油提取工艺对蛹油的总抗氧化能力具有一定的影响。

综合来说，溶剂提取和超临界提取两种工艺制备的蚕蛹毛油氧化稳定性差异较大，但经过精制处理后，二者的总抗氧化能力又大幅下降至同一水平。

（五）小结

（1）超临界 CO_2 提取的蚕蛹油氧化稳定性明显优于正己烷溶剂浸提的蚕蛹油。

（2）随着精制过程的进行，自身抗氧化成分逐步下降，蚕蛹油的抗氧化能力也逐步下降，其中脱色阶段抗氧化成分损失最为显著，这可能是由于脱色的同时带走了大量的类胡萝卜素成分，色泽下降最为明显。

（3）相关性分析发现，蚕蛹油的抗氧化能力大小与总酚和类胡萝卜素的含量密切相关；精制过程中造成两种途径获得的蛹油总抗氧化能力损失最高达到71.51%，总酚损失24.73%~65.14%，类胡萝卜素损失12.0%~69.27%。

（4）主成分分析发现，溶剂提取和超临界提取两种工艺制备的蚕蛹毛油氧化稳定性差异较大，但经过精制处理后，二者的总抗氧化能力又大幅下降至同一水平。

五、天然抗氧化剂对精制蚕蛹油氧化稳定性的影响

（一）不同抗氧化剂的抗氧化效果

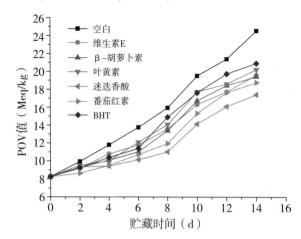

图 2-83 添加不同的抗氧化剂时过氧化值随时间的变化情况

在 63℃贮藏条件下，分别考察相同剂量（0.20‰）的不同抗氧化剂对蚕蛹油抗氧化效果。从图 2-83 中可以看出，随着贮藏时间的延长，各试验组的过氧化值逐步升高，各试验组过氧化值均低于空白对照组，在同等剂量下，抗氧化能力排序为迷迭香酸>番茄红素>维生素 E>β-胡萝卜素>叶黄素。其中迷迭香酸属于酚类物质，番茄红素为类胡萝卜素物质，后续将以二者为酚类和类胡萝卜素的代表展开研究。

（二）不同添加量的迷迭香酸对蚕蛹油的抗氧化效果

添加不同剂量的迷迭香酸对蚕蛹油的抗氧化作用见图 2-84。从图 2-84 中可以看出，随着迷迭香酸的剂量逐渐增大，蚕蛹油的过氧化值逐渐下降，迷迭香酸随着加入量的增大，对蚕蛹油生成氢过氧化物的抑制能力也加强，因此抗氧化效果也增强，而且迷迭香酸对蚕蛹油的抗氧化能力有剂量效应关系。

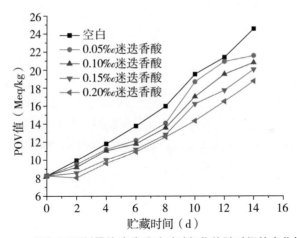

图 2-84　添加不同剂量的迷迭香酸时过氧化值随时间的变化情况

（三）不同添加量的番茄红素对蚕蛹油的抗氧化效果

添加不同量的番茄红素对蚕蛹油的抗氧化作用见图 2-85。从图 2-85 中可以看出，随着番茄红素剂量的增大，蚕蛹油的过氧化值下降，番茄红素随着加入量的增大，其抑制蚕蛹油生成氢过氧化物的能力也加强，故其抗氧化效果也增强，而且番茄红素对蚕蛹油的抗氧化能力有剂量效应关系。

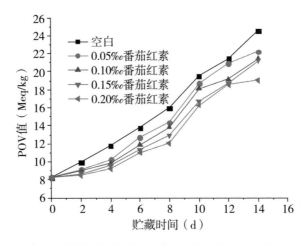

图 2-85 添加不同剂量的番茄红素时过氧化值随时间的变化情况

（四）迷迭香酸与番茄红素抗氧化剂的复配使用效果

复合后的抗氧化剂在进行抗氧化作用时，各个组分之间可能会发生复杂的反应，表现出协同的作用，试验结果如图 2-86。由图可见，和空白对照组相比，添加抗氧化剂提高了蚕蛹油的稳定性，其中迷迭香：番茄红素＝1:2>迭香酸：番茄红素＝1:1，混合使用时具有较强的抗氧化作用，这对减少抗氧化剂的使用量，从而对降低成本具有非常重要的意义。由图 2-86，迷迭香酸与番茄红素 1:2 混合使用时的抗氧化效果最好，而且混合后使用的抗氧化能力都比单一抗氧化剂的效果好。

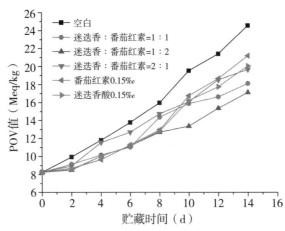

图 2-86 将迷迭香酸和番茄红素按一定添加量复合使用的抗氧化效果

（五）蚕蛹油货架期的预测

如表 2-77 所示，Schaal 烘箱法的 1 天相当于 20℃下贮藏 16 天，按国标规定，油脂的 POV 上限为 12 Meq/kg，不同处理的茶蚕蛹油达到 12 Meq/kg 所需的时间不同，根据 Arrhenitls 经典公式，外推得出 20℃下茶叶籽油的预期储存时间，即为蚕蛹油的预期货架寿命。在 20℃时，不添加抗氧化剂的蚕蛹油货架期为 48 天，添加抗氧化剂后，可以延长蚕蛹油货架期，1∶2 迷迭香酸和番茄红素组合效果最好，使得蚕蛹油的货架期可以保存到 400 天。

表 2-77 货架期与抗氧化剂的关系

抗氧化剂	货架期（d）	
	60℃	20℃
迷迭香酸 0.20‰	16	256
番茄红素 0.20‰	17	273
迷迭香酸∶番茄红素 = 1∶2	25	400
BHT 0.20‰	14	224

（六）小结

（1）加入同等剂量（0.20‰）的抗氧化剂时，迷迭香酸（酚类）和番茄红素（类胡萝卜素）的抗氧化效果较优。

（2）迷迭香和番茄红素的添加量均在 0.20‰的抗氧化效果较优，且存在明显的剂量关系。

（3）迷迭香与番茄红素的复配比 1∶2 时抗氧化效果最优，添加总量达到 0.2‰时，其预期货架期可延长至 400 天。

六、蚕蛹油的降血糖和降血脂作用——动物试验验证

（一）小鼠一般状态观察

正常对照组小鼠皮毛光泽，反应敏捷，体态活泼，饮食和饮水均很正常，体重正常增长到一定量后稳定；模型对照组小鼠皮毛欠光泽，反应迟钝，精神不振，垫料极潮，出现多饮多食多尿症状；补充蚕蛹油、鱼油组，糖尿病小鼠精神逐渐好转，皮毛光泽渐好，糖尿病症状有所减轻；补充大豆油组糖尿病小鼠并无明显变化，糖尿病症状仍然显著；阳性对照组情况与蚕蛹油组相似。

（二）蚕蛹油对糖尿病小鼠体重的影响

在试验期间各试验组小鼠体重与空白对照组相比存在显著差异，说明建立的动物糖尿病模型出现了消瘦的症状。由表 2-78 和图 2-87 可知，与正常对照组小鼠相比，DM 小鼠体重下降明显，灌胃的蚕蛹油组小鼠体重也有缓慢下降的趋势，药物组的小鼠体重基本稳定不变。

表 2-78　蚕蛹油、鱼油、大豆油对糖尿病小鼠体重的影响　　　　（单位：g）

组别	给药前体重	给药后体重		
		1 周	2 周	3 周
空白组	34.49±2.28a	36.83±2.12a	38.61±2.19a	39.38±3.59a
模型组	28.12±2.00b	28.25±2.02b	27.89±1.89b	28.10±1.68b
拜糖平组	28.56±2.71b	28.10±3.13b	28.34±2.27b	28.22±2.23b
蚕蛹油组	28.93±3.08b	27.89±3.71b	27.10±2.13b	26.81±2.15b
鱼油组	28.68±3.11b	28.93±2.98b	29.23±2.09b	29.45±1.67b
大豆油组	28.35±2.81b	27.82±2.18b	27.89±2.39b	28.03±1.26b

注：表中不同小写字母表示两者之间在 0.01 水平上有显著差异

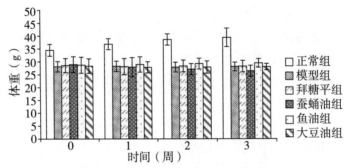

图 2-87　蚕蛹油、鱼油、大豆油对糖尿病小鼠体重的影响

（三）蚕蛹油对糖尿病小鼠血糖的影响

由表 2-79 看出，DM 小鼠各组的血糖均极显著地高于空白对照组（$P<0.01$），表明 DM 小鼠模型成功。通过对 DM 小鼠 21 天内血糖变化观察发现，与模型组相比，前 7 天，各组 DM 小鼠血糖值均无明显差异（$P<0.05$）；第 14 天时，蚕蛹油、鱼油组和拜糖平组小鼠的血糖值均显著降低（$P<0.05$），明显低于模型组；第 21 天试验结束时，蚕蛹油、鱼油组和给药组小鼠血糖水平均显著低于模型组（$P<0.05$）大豆油组与模型组小鼠血糖

无显著性差异。结果表明，蚕蛹油对 STZ 诱异的 DM 小鼠具有良好的降血糖作用，大豆油对 DM 小鼠并无降血糖作用。拜糖平、蚕蛹油和鱼油对糖尿病小鼠血糖下降率分别为 14.7%、11.0% 和 8.9%。且蚕蛹油对糖尿病小鼠的降血糖效果优于鱼油。

表 2-79　蚕蛹油、鱼油、大豆油对 STZ 所致 DM 小鼠血糖的影响及降糖率

（单位：mmol/L）

组别	时　　　间				下降率（%）
	0 d	7 d	14 d	21 d	
空白组	6.26±0.43a	6.34±0.24a	6.29±0.45a	6.41±0.54a	—
模型组	18.17±2.22bA	18.92±1.92bA	19.06±1.59bA	19.1±1.84bA	
拜糖平组	18.51±2.24bA	17.56±2.27bA	16.51±2.07bB	15.78±1.85bB	14.7%
蚕蛹油组	18.56±2.15bA	17.96±1.57bA	17.03±1.87bB	16.51±1.91bB	11.0%
鱼油组	18.44±2.21bA	18.23±1.94bA	17.68±1.56bB	16.80±1.98bB	8.9%
大豆油组	18.53±1.98bA	18.50±1.86bA	19.06±1.50bA	18.74±1.78bA	—

注：表中不同大小写字母分别表示两者之间在 0.01、0.05 水平上有显著差异

（四）蚕蛹油对糖尿病小鼠肝糖原的影响

与正常对照组相比，糖尿病小鼠的肝糖原显著降低（$P<0.05$）；补充了蚕蛹油后糖尿病小鼠肝糖原有所增加，鱼油、拜糖平也增加了糖尿病小鼠的肝糖原水平，这表明补充蚕蛹油、鱼油和拜糖平有利于增加肝脏对葡萄糖的利用（表 2-80）。

表 2-80　蚕蛹油、鱼油和大豆油对糖尿病小鼠肝糖原的影响

组别	肝糖原（mg/g 组织）
空白组	11.94±1.32a
模型组	6.84±0.86b
拜糖平组	9.30±0.84c
蚕蛹油组	8.12±0.93d
鱼油组	8.18±0.95d
大豆油组	7.05±1.22b

注：表中不同小写字母表示两者之间在 0.05 水平上有显著差异

（五）蚕蛹油对糖尿病小鼠的糖化血清蛋白的影响

糖化血清蛋白（GSP）是血浆中的蛋白质与葡萄糖非酶糖化过程中形

成的一种高分子酮胺结构类似果糖胺的物质，它的浓度与血糖水平呈正相关，并相对保存温度，日间变异小，它的测定不受进食、运动、机体状况、即时血糖的影响。由于血浆蛋白的半衰期为 17~20 天，因此 GSP 可以反映糖尿病患者检测前 1~3 周内的平均血糖水平。结果显示，正常组 GSP 明显低于其他 5 组（$P<0.05$），模型组 GSP 最高。蚕蛹油组和鱼油组的 GSP 与模型组相比也有降低，但比拜糖平组高，但蚕蛹油与其他几组相比并无显著性差异，大豆油组与模型组相比差异不显著（表 2-81）。

表 2-81　蚕蛹油、鱼油、大豆油对糖尿病小鼠糖化血清蛋白（GSP）的影响

分组	GSP（mg/ml）
正常组	0.75±0.17a
模型组	1.46±0.18b
拜糖平组	1.26±0.12b
蚕蛹油组	1.32±0.33b
鱼油组	1.35±0.30b
大豆油组	1.44±0.35b

注：表中小写字母表示两者之间在 0.05 水平上有显著差异

（六）小鼠血清的 TC、TG、HDL-C

各组动物血清中 TC、TG、高密度脂蛋白含量的变化如表 2-82 所示。与空白组相比，模型组 TC、TG 含量显著升高（$P<0.01$），HDL-C 含量显著下降（$P<0.01$），表明 DM 小鼠同时伴有血脂代谢紊乱。摄入蚕蛹油之后，降低了小鼠的 TC 水平，但降低效果不如拜糖平组和鱼油组；TG 水平也明显下降，效果比鱼油组好；而 HDL-C 水平显著升高；以上结果表明蚕蛹油可以降低糖尿病小鼠的血脂水平。

表 2-82　蚕蛹油、鱼油、大豆油对糖尿病小鼠血脂的影响

分组	TC（mmol/L）	TG（mmol/L）	HDL-C（mmol/L）
空白组	2.31±0.24a	1.32±0.19a	0.578±0.047a
模型组	4.88±0.42d	2.69±0.28b	0.324±0.026d
拜糖平组	3.33±0.45bc	2.03±0.28c	0.476±0.044b
蚕蛹油组	4.25±0.34b	2.34±0.28b	0.421±0.049c
鱼油组	3.79±0.44c	2.39±0.31b	0.436±0.039c
大豆油组	5.37±0.36d	2.68±0.28b	0.319±0.023d

注：表中小写字母表示两者之间在 0.01 水平上有显著差异

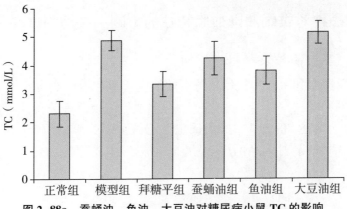

图 2-88a　蚕蛹油、鱼油、大豆油对糖尿病小鼠 TC 的影响

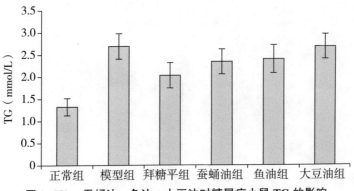

图 2-88b　蚕蛹油、鱼油、大豆油对糖尿病小鼠 TG 的影响

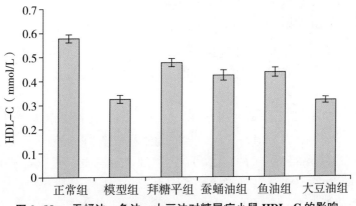

图 2-88c　蚕蛹油、鱼油、大豆油对糖尿病小鼠 HDL-C 的影响

七、品种对蚕蛹油降血脂特性的影响——动物试验验证

(一) 不同品种蚕蛹粉中油脂、蛋白质的测定

经索氏提取和凯氏定氮仪法测得的油脂含量和蛋白质含量见图2-89所示,如图可见'两广2号'、'防3'、'泰刹'三个品种的含油率依次降低,'两广2号'高达30.25%。经凯氏定氮测得蚕蛹的蛋白质含量从高到低依次为'防3'、'泰刹'、'两广2号','防3'组高达53.77%。

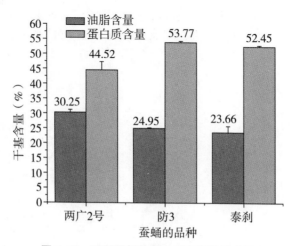

图2-89　不同蚕蛹的蛋白质和脂肪酸含量

(二) 不同品种蚕蛹油脂肪酸组成

本研究采用气相色谱—质谱仪对不同品种的蚕蛹油进行分析鉴定。所确定的化学成分质谱图用计算机谱图库 (Nist05a) 检索,由化学工作站给出蚕蛹油的脂肪酸甲酯的 GC-MS 总离子图谱见图2-90a、图2-90b、图2-90c。

通过 MSD 化学工作站如表2-83分析,蚕蛹油中软脂酸含量最高的是'防3'品种,高达25.017%,含量最低的为'泰刹'品种,为24.561%;油酸含量最高的品种是'两广2号',达到32.674%,最低品种的为'泰刹',含量为26.905%;亚油酸含量最高的品种是'泰刹',含量为6.007%,最低的为'两广2号';亚麻酸含量最高的为'泰刹',高达30.632%,三品种中'防3'亚麻酸最低,但也达到了29.665%。

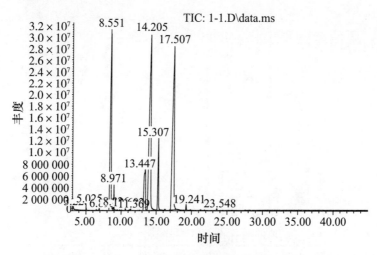

图 2-90a　两广 2 号蚕蛹油脂肪酸甲酯的总离子流色谱图

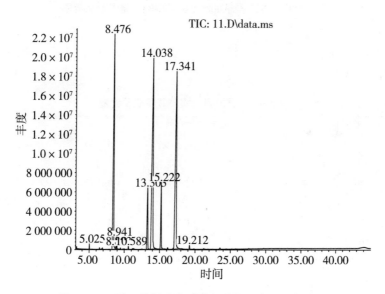

图 2-90b　防 3 蚕蛹油脂肪酸甲酯的总离子流色谱图

　　总体分析，'两广 2 号'蚕蛹油的不饱和脂肪酸含量最高，高达69.843%，'防 3'次之，为 67.495%，'泰斩'最低，为 64.680%。其中不饱和脂肪酸中的是 α-亚麻酸，在人体内经脱氢和碳链延长合成 EPA 和 DHA，它们是维系人类大脑进化的生命核心物质，具有保护视力、降血压、增长智力、降血脂、延缓衰老等多种生理功能，能有效抑制血栓性疾病、

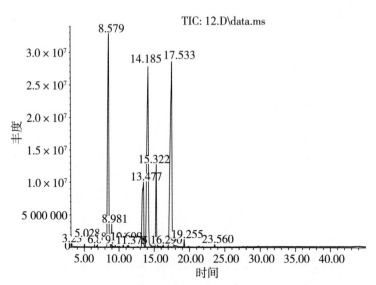

图 2-90c　泰刹蚕蛹油脂肪酸甲酯的总离子流色谱图

血性脑中风、癌症的发生与转移，对心肌梗死、脑梗死和老年痴呆症等有显著的预防功效。

表 2-83　蚕蛹油的脂肪酸组成及含量　　　　　　　　（单位：%）

脂肪酸	两广 2 号	防 3	泰刹
C13（月桂酸）	0.012	0.000	0.043
C13:9	0.083	0.000	0.079
C15（十四酸）	0.196	0.198	0.211
C16（十五碳酸）	0.000	0.000	0.076
C17（十六酸）	22.064	25.017	24.561
C18（十七酸）	0.147	0.174	0.229
C18:9（（Z）-十六烯酸）	1.150	0.823	1.058
C19（硬脂酸）	7.429	6.822	9.860
C19:9（油酸）	32.674	31.279	26.905
C19:9:12（亚油酸）	5.683	5.729	6.007
C19:9:12:15（亚麻酸）	30.178	29.665	30.632
C21（二十酸）	0.308	0.294	0.340
C21:11:14:17 （11，14，17-顺-二十碳三烯酸）	0.074	0.000	0.000
饱和脂肪酸	30.157	32.505	35.320
不饱和脂肪酸	69.843	67.495	64.680

（三）高血脂模型的构建情况

由表2-84和图2-91可以显示，从第1周开始，饲喂基础饲料的空白对照组与饲喂高脂饲料的高脂对照组血脂水平存在显著性差异（$P<0.05$）。从试验开始的第1周到第5周结束，其中高脂对照组TG、TC水平基本呈现上升趋势，HDL-C呈现下降趋势，这三项血脂水平和空白对照组的血脂水平之间存在显著的差异，因此证明高血脂症小鼠模型造模成功。

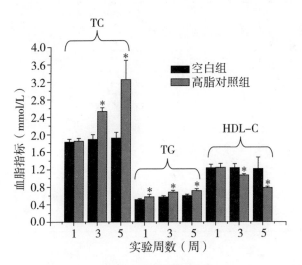

图2-91　高血脂症模型造模前后血脂水平
注：＊表示与空白组有显著性差异（$P<0.05$）

表2-84　高血脂症模型造模前后血脂水平 （单位：mmol/L）

血脂指标	试验周数	空白对照组	高脂对照组
TC	造模前（第1周）	1.831±0.065	1.851±0.065
TC	造模后（第3周）	1.892±0.108	2.531±0.085*
TC	造模后（第5周）	1.918±0.134	3.257±0.445*
TG	造模前（第1周）	0.512±0.023	0.576±0.057*
TG	造模后（第3周）	0.576±0.03	0.683±0.04*
TG	造模后（第5周）	0.603±0.03	0.715±0.045*
HDL-C	造模前（第1周）	1.235±0.08	1.244±0.09
HDL-C	造模后（第3周）	1.238±0.091	1.07±0.029*
HDL-C	造模后（第5周）	1.214±0.263	0.779±0.031*

（四）小鼠体重变化和形态学观察

从表 2-85 和图 2-92 中可以看出，试验从第 1 周开始后第 6 周结束的过程中，各组小鼠的体重水平呈增长趋势。其中高脂对照组、阳性对照组和两广 2 号 低剂量组小鼠体重增长较快，但是两广 2 号高剂量组体重增长趋势比较缓慢。试验中各组之间体重水平没有明显的差异（$P>0.05$）。

表 2-85　小鼠体重变化 （单位：g）

组别	样本数和测定时间					
	n	第 1 周	n	第 3 周	n	第 5 周
空白对照组	12	20.83±0.62	11	32.5±0.9	11	39.85±0.64
阳性对照组	12	20.45±0.93	11	35.58±0.69	10	43.52±1.27
高脂对照组	12	20.3±0.89	11	35.45±0.9	10	47.13±1.05
两广 2 号高剂量组	12	20.3±1.06	10	32.87±1.57	10	41.03±1.32
两广 2 号中剂量组	12	20.55±0.79	10	34.89±1.15	9	42.83±2.19
两广 2 号低剂量组	12	20.65±0.67	10	36.04±1.05	10	43.9±1.98
防 3 中剂量组	12	20.63±0.73	10	35.45±0.95	10	43.23±1.25
泰刹中剂量组	12	20.47±0.5	11	35.8±1.81	10	43.63±0.55

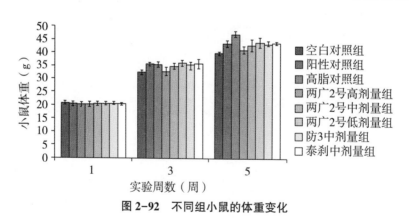

图 2-92　不同组小鼠的体重变化

试验中，小鼠总体上生长良好，体型比较肥胖。试验组中的空白对照组小鼠的毛色鲜亮、饮食正常、精力充沛、灵活好动、体重呈稳步增长状态；高脂模型组小鼠的毛色暗淡、精神状态不佳、皮毛凌乱、嗜睡；而且各试验组小鼠体重呈增长趋势，也分别出现了程度不同的毛色凌乱、嗜睡、精神状态不佳等现象，但随着剂量的增加萎靡程度和体重增加趋势减缓。

（五）血脂指标

1. 蚕蛹油不饱和脂肪酸对小鼠血清中总胆固醇（TC）的影响

由表2-86和图2-93可见，从第1周试验开始各组小鼠血清中的TC水平均无显著性的差异（$P>0.05$）。试验中期（第3周），各试验组的TC水平明显高于空白对照组，并且呈现显著性差异（$P<0.05$）。剂量组（包括两广2号高中低剂量组、防3中剂量组、泰刹中剂量组）的TC水平均低于高脂对照组，且两广2号高剂量组与高脂对照组存在显著性差异（$P<0.05$）。试验后期（第6周），所有剂量组TC水平都明显比高脂对照组低。其中两广2号与防3、泰刹中剂量比较，两广2号中剂量降TC的水平比较明显，两广2号高中低剂量比较，降血清TC水平由高到低依次为高、中、低剂量。虽然两广2号中、低剂量组以及防3、泰刹组的血清TC水平均高于阳性对照组，但两广2号高剂量组血清TC水平明显优于阳性对照组且有显著性差异（$P>0.05$）。

表2-86　不同组小鼠血清中 TC 的含量　　（单位：mmol/L）

组别	样本数和测定时间					
	n	第1周	n	第3周	n	第5周
空白组	12	1.831±0.065	11	1.892±0.108	11	1.918±0.134
阳性组	12	1.847±0.145	11	2.512±0.16*	10	2.693±0.216*#
高脂组	12	1.851±0.065	11	2.531±0.085*	10	3.257±0.445*
两广2号高组	12	1.842±0.077	10	2.178±0.14*#&	10	2.614±0.21*#&
两广2号中组	12	1.841±0.114	10	2.423±0.176*	9	2.862±0.116*#&
两广2号低组	12	1.857±0.051	10	2.475±0.104*	10	3.015±0.115*
防3中组	12	1.819±0.094	10	2.524±0.071*	10	2.933±0.261*
泰刹中组	12	1.868±0.044	11	2.486±0.091*	10	2.967±0.337*

注：*表示与空白组有显著性差异（$P<0.05$）；#表示与高脂组有显著性差异（$P<0.05$）；&表示与阳性对照组有显著性差异（$P<0.05$）

2. 蚕蛹油不饱和脂肪酸对小鼠血清中甘油三酯（TG）的影响

由表2-87和图2-94可知，在第1周试验刚刚开始时，各组小鼠血清中的TG水平均无显著性差异（$P>0.05$）。在试验的中期（第3周），各试验组的血清TG水平都高于空白对照组，并存在显著性差异（$P<0.05$）。而

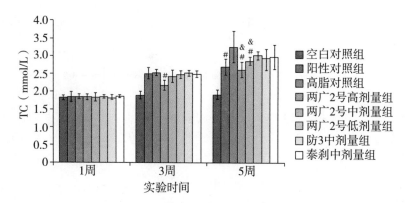

图 2-93　不同组小鼠血清中 TC 的含量

注：#表示与高脂对照组有显著性差异（$P<0.05$），& 表示与阳性对照组有显著性差异（$P<0.05$）

各试验组间未见显著性差异（$P>0.05$）。两广 2 号的高中低剂量组和防 3、泰刹中剂量组 TG 水平都低于高脂对照组，其中两广 2 号高剂量组与高脂对照组差异显著（$P<0.05$）。在试验的后期（第 5 周），所有的试验组的血清 TG 水平都明显的低于高脂对照组。其中，中剂量的不同品种与高脂对照组比较，两广 2 号中剂量组降 TG 水平最明显，防 3 组次之，泰刹组最小。比较相同品种的两广 2 号不同剂量的降低效果，结果发现两广 2 号蚕蛹油降 TG 具有剂量依赖关系。同时，两广 2 号低剂量组、防 3 中剂量组、泰刹中剂量组与阳性对照组相近，且无显著性差异（$P>0.05$），而两广 2 号的高、中剂量组明显优于阳性对照组。

表 2-87　不同组小鼠血清中 TG 的含量　　　　　　　　（单位：mmol/L）

组别	样本数和测定时间					
	n	第 1 周	n	第 3 周	n	第 5 周
空白对照组	12	0.512±0.023	11	0.576±0.03	11	0.603±0.03
阳性对照组	12	0.57±0.028*	11	0.656±0.039*	10	0.66±0.035*#
高脂对照组	12	0.576±0.057*	11	0.683±0.04*	10	0.715±0.045*
两广高剂量组	12	0.537±0.029	10	0.574±0.046*#	10	0.599±0.052#&
两广中剂量组	12	0.546±0.034	10	0.628±0.013	9	0.618±0.039#&
两广低剂量组	12	0.563±0.031	10	0.647±0.033*	10	0.684±0.011*
防 3 中剂量组	12	0.549±0.026	10	0.631±0.045	10	0.671±0.009*

（续表）

组别	样本数和测定时间					
	n	第1周	n	第3周	n	第5周
泰刹中剂量组	12	0.551±0.077	11	0.642±0.053*	10	0.673±0.017*

注：*表示与空白组有显著性差异（$P<0.05$）；#表示与高脂组有显著性差异（$P<0.05$）；&表示与阳性对照组有显著性差异（$P<0.05$）

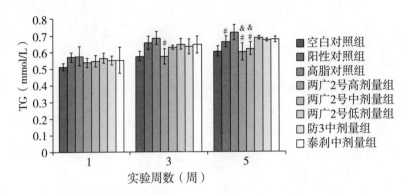

图2-94 不同组小鼠血清中 TG 的含量

注：#表示与高脂对照组有显著性差异（$P<0.05$），&表示与阳性对照组有显著性差异（$P<0.05$）

3. 蚕蛹油不饱和脂肪酸对小鼠血清中高密度脂蛋白胆固醇（HDL-C）的影响

由表2-88和图2-95可知，在第1周试验刚刚开始时各组小鼠血清中的 HDL-C 水平均无显著性差异（$P>0.05$）。在试验的中期（第3周），各试验组的血清 HDL-C 水平都低于空白对照组，并存在显著性差异（$P<0.05$）。而各试验组间未见显著性差异（$P>0.05$）。两广2号的高、中、低剂量组和防3、泰刹中剂量组 HDL-C 水平都高于高脂对照组，其中两广2号高剂量组与高脂对照组有显著性差异（$P<0.05$）。在试验的后期（第5周），所有的试验组的血清 TG 水平都明显高于高脂对照组。其中，中剂量的不同品种与高脂对照组比较，两广2号中剂量组升 HDL-C 水平最明显，防3组次之，泰刹组最小。相同品种的两广2号不同剂量间比较，高剂量比中、低剂量具有更好的升 HDL-C 效果。

表 2-88　不同组小鼠血清中 HDL-C 的含量　（单位：mmol/L）

组别	样本数和测定时间					
	n	第 1 周	n	第 3 周	n	第 5 周
空白对照组	12	1.235±0.08	11	1.238±0.091	11	1.214±0.263
阳性对照组	12	1.305±0.278	11	1.136±0.122	10	1.104±0.094#
高脂对照组	12	1.244±0.09	11	1.07±0.029*	10	0.779±0.031*
两广高剂量组	12	1.227±0.093	10	1.193±0.076#	10	1.206±0.029#
两广中剂量组	12	1.302±0.124	10	1.127±0.095	9	0.952±0.097*#
两广低剂量组	12	1.263±0.172	10	1.054±0.086*	10	0.847±0.086*
防 3 中剂量组	12	1.272±0.179	10	1.101±0.055*	10	0.905±0.125*
泰刹中剂量组	12	1.255±0.219	11	1.086±0.12*	10	0.883±0.146*

注：* 表示与空白组有显著性差异（$P<0.05$），# 表示与高脂组有显著性差异（$P<0.05$）

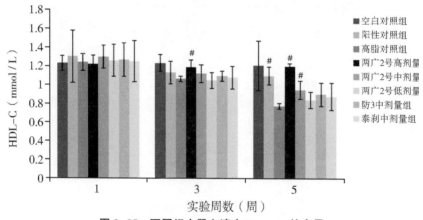

图 2-95　不同组小鼠血清中 HDL-C 的含量

注：# 表示与高脂对照组有显著性差异（$P<0.05$）

4. 小结

（1）比较品种营养组成发现，两广 2 号的蚕蛹油脂肪含量最高，高达 30.25%，其不饱和脂肪酸相对含量也是最高的，达到 69.84%。

（2）动物功能试验评价发现，蚕蛹油具有明显的降血脂功效，且存在剂量关系，并优于阳性组。

（3）品种比较发现，两广 2 号的蚕蛹油降血脂动物试验评价效果优于黄血蚕品种（泰刹和防 3），这可能与品种不饱和脂肪酸的组成和含量有关。

第六节　蚕蛹健康食品研究与开发

一、全营养蚕蛹浓缩蛋白粉

（一）总体工艺技术路线

全营养蚕蛹浓缩蛋白粉采用缫丝蚕蛹，经恒温烘干、粉碎、过筛、脱脂、洗涤、去腥、低温干燥和二次粉碎加工而成。

具体包括以下步骤：

（1）缫丝蚕蛹经60~70℃恒温烘干至含水量低于6%，粉碎过20~40目筛，经超临界二氧化碳萃取脱脂，得到脱脂蛹蛋白。

（2）调入乙醇进行梯度搅拌洗涤，洗涤后上层高位抽出乙醇洗液及蛹皮层，回收乙醇；下层离心得到蚕蛹浓缩蛋白。

（3）再加入2~3倍体积的复合酸溶液，连接臭氧发生器臭氧处理去腥，而后减压汽提浓缩去除酸和腥臭味。

（4）进而60~65℃低温干燥至水分含量在6%以下，粉碎后得到蚕蛹浓缩蛋白粉。本发明选用缫丝蚕蛹为原料，采用乙醇梯度洗涤，结合臭氧和复合酸处理脱腥的制备方法，使得制备得到的蚕蛹浓缩蛋白粉的蛋白含量提高至70%以上，且能彻底去除缫丝蚕蛹的腥味。

（二）生产技术要点

（1）超临界二氧化碳脱脂的压力为25 MPa，温度40~45℃，时间2~4 h。

（2）乙醇梯度洗涤的乙醇溶液浓度分别为55%~60%（v/v）和90%~95%（v/v），洗涤温度分别为50℃和65℃，洗涤时间均为0.5 h，洗涤次数分别为2次和1次。

（3）复合酸溶液为冰醋酸和柠檬酸的混合水溶液，其中冰醋酸的浓度为1%~1.2%（v/v），柠檬酸的浓度为0.5%~1%（w/v）。

（4）臭氧处理浓度为3 g/h，处理时间5~10 min，温度为40~45℃。

（5）减压汽提浓缩的压力为-0.08~-0.1 MPa，温度为80~85℃，时间15~20 min。

二、预消化蚕蛹蛋白粉

（一）总体工艺技术路线

预消化蚕蛹蛋白粉采用鲜茧缫丝蚕蛹，经沸水漂汤、打浆、水酶法脱脂、离心、浓缩、喷雾干燥加工而成。

具体包括以下步骤：

（1）缫丝蚕蛹经漂烫沥干，通过添加冷却灭菌水调整蛋白含量为10%，然后经胶体磨打浆得蚕蛹浆。

（2）蚕蛹浆中分别加入相当于蛋白质量2%和1%（w/w）的碱性蛋白酶和复合蛋白酶，调整pH值为7.0，45~50℃条件下酶解3~5 h，得酶解蚕蛹浆。

（3）将酶解蚕蛹浆升温至100℃灭酶10 min，冷却后过100目筛得透过液备用。

（4）调整酶解蚕蛹浆透过液pH值为4.2，离心取沉淀后复溶，喷雾干燥得预消化蛋白粉。

（二）生产技术要点

（1）缫丝蚕蛹漂烫条件为：100℃，3~5 min。

（2）酶解后酶解液的水解度为：15%左右。

（3）离心分离条件为：温度50~60℃，转速4 000~5 000 r/min，时间20~40 min。

三、蚕蛹味肽

（一）总体工艺技术路线

蚕蛹味肽以蚕蛹为原料，经预处理、微生物发酵、灭菌、酶解、灭酶、分离、浓缩和干燥加工而成。最终产物具有鲜味醇厚的特征，添加到食品中能明显提升食品的风味。

具体包括以下步骤：

（1）选取蚕蛹进行预处理后，接种微生物菌株，调节温度为25~45℃进行前发酵10~24 h，将前发酵后的产物进行灭菌处理，获得灭菌处理后的产物。

（2）调整灭菌处理后的产物的pH值为5~10，加入占灭菌处理后的产物总质量0.1%~4%的Alcalase酶和风味蛋白酶，调节温度为40~60℃进行酶解 4~10 h，然后将酶解产物进行灭酶处理，得灭酶产物。

（3）将灭酶产物经分离、浓缩和干燥处理，获得昆虫源呈味肽。

（二）生产技术要点

（1）预处理包括蚕蛹的筛选、打浆或打粉处理等，并在打浆或打粉处理后的昆虫源中加入等质量的水并混匀。筛选包括剔除蚕蛹的病原体及杂质等。打浆或打粉处理是针对干的蚕蛹原料进行打粉处理，对于湿的原料，进行打浆处理，粉碎至粒径大小为 30~50 目。

（2）微生物菌株优选为枯草芽孢杆菌、酵母菌和乳酸菌中一种或几种，其接种量占预处理后蚕蛹总质量的 0.3%~4.0%，灭菌设备为连续或间歇的灭菌锅或大容量的蒸煮设备。

（3）灭菌处理为将发酵后产物蒸或煮沸 30~200 min，然后加入无菌水，并迅速冷却至 40~60℃，其中无菌水的加入量为蚕蛹干基总重量的 3~10 倍，获得灭菌处理后的产物。

（4）Alcalase 酶和风味蛋白酶购自诺维信（中国）生物技术有限公司。

（5）酶处理优选为将酶解产物在 100℃保温 5~15 min 进行灭酶。

（6）分离是将酶解液进行固液分离，并保留上清液，所述的浓缩是将分离时产生的上清液在 45~70℃条件下浓缩至固形物含量达到 15%~50%。其中分离采用连续或间歇式分离机，浓缩采用真空浓缩机。

（7）干燥优选是采用喷雾干燥。主要是将浓缩所得的物料进行喷雾干燥，得到粉末状呈味肽产品，干燥采用喷雾干燥机。

四、蚕蛹呈味基料在肉脯中的应用研究

（一）蚕蛹呈味基料对肉脯风味的影响

从表 2-89 可以看出，加工过程中，肉脯的挥发性风味物质的种类及含量均存在不同程度的差异，且物质的组成和含量一直处在动态变化过程中，不同反应时间的 MRPs 对肉脯的挥发性风味物质的生成亦有影响，其中烯烃类化合物在每个取样点的检出量均为最高。

烯烃类化合物是肉脯在加工过程中含量及种类最多的挥发性风味物质，构成了肉脯的主要挥发性风味成分。烯烃类化合物在肉脯加工过程中，基本呈上升的趋势，并在加工成成品时含量均达 70% 以上（70.27%~78.06%）。所有样品均存在的烯烃类化合物有 3-蒈烯、1-石竹烯，这 2 种化合物在所有样品中的含量相对较高，因此可能是肉脯主要的风味组成物质。

表 2-89 鲜茧缫丝蚕蛹 MRPs 对肉脯风味的影响

取样时间点	化合物种类及含量		组别				
			CK	0 min	15 min	30 min	60 min
4 h	烯烃类	种类	7	9	7	9	8
		相对含量（%）	49.31	48.64	45.59	51.87	41.71
	芳香烃类	种类	1	1	1	1	1
		相对含量（%）	2.34	1.70	2.01	2.02	1.45
	酯类	种类	2	2	2	2	2
		相对含量（%）	34.09	32.26	37.69	28.39	40.12
	其他	种类	3	3	3	3	3
		相对含量（%）	14.26	17.40	14.71	17.72	16.72
8 h	烯烃类	种类	5	8	8	8	8
		相对含量（%）	42.13	49.76	77.16	46.72	66.92
	芳香烃类	种类	1	1	1	1	1
		相对含量（%）	2.00	1.62	3.91	2.02	3.03
	酯类	种类	2	2	2	0	2
		相对含量（%）	41.77	22.82	0.00	34.16	21.21
	其他	种类	3	2	3	4	3
		相对含量（%）	14.10	25.80	18.93	17.10	8.83
烘干后	烯烃类	种类	5	9	7	8	7
		相对含量（%）	95.23	59.82	54.83	64.36	59.90
	芳香烃类	种类	1	1	1	1	1
		相对含量（%）	2.27	1.95	1.85	2.08	2.52
	酯类	种类	1	2	2	2	2
		相对含量（%）	2.50	12.17	19.93	11.02	19.98
	其他	种类	0	4	3	2	3
		相对含量（%）	0.00	26.05	23.40	22.54	17.60
红外后	烯烃类	种类	7	6	6	8	8
		相对含量（%）	76.06	79.83	73.21	71.11	74.57
	芳香烃类	种类	1	1	1	1	1
		相对含量（%）	2.51	2.75	1.47	1.86	2.28
	酯类	种类	0	0	1	1	1
		相对含量（%）	0.00	0.00	2.08	3.43	2.88
	其他	种类	3	3	3	3	2
		相对含量（%）	21.42	17.42	23.24	23.60	20.28

（续表）

取样时间点	化合物种类及含量		组别				
			CK	0 min	15 min	30 min	60 min
成品	烯烃类	种类	7	5	7	9	7
		相对含量（%）	74.98	78.06	73.91	73.19	70.27
	芳香烃类	种类	1	1	1	1	1
		相对含量（%）	1.76	1.82	2.40	2.05	2.90
	酯类	种类	0	0	1	0	0
		相对含量（%）	0.00	0.00	0.30	0.00	0.00
	其他	种类	3	4	3	3	3
		相对含量（%）	23.26	20.11	23.39	24.76	26.83

样品中检测出的少量的芳香烃化合物具有较低的阈值且有着特殊香气，因此也可能对肉脯的风味做出贡献。本研究还检测到了两种酯类化合物，但酯类物质的呈味阈值较低，因此对肉脯风味的贡献较大，其中己酸甲酯具有类似菠萝的香气，辛酸甲酯具有浓烈的甜橙香和花香。此外，十一烷、辛酸和乙基麦芽酚在所有样品中均有检出，但十一烷呈味阈值较高，对风味的贡献并不大；辛酸具有桃子、草莓、菠萝等多种水果的香味；乙基麦芽酚具有焦糖、果酱和水果的香气，能为肉脯的整体风味增效，很好地除去异味和杂味，更可贵的是乙基麦芽酚是一种抗氧化剂，能有效阻止不良反应的发生。

（二）不同反应时间的呈味基料对肉脯脂肪酸价的影响

酸价可以反映油脂的酸败程度，酸价超过一定值，则可认定油脂存在一定程度的变质。由图 2-96 可以看出，肉脯的酸价随时间的增加而上升，但鲜茧缫丝蚕蛹 MRPs 能在一定程度上抑制肉脯脂肪酸败，并且随着时间的延长，抑制效果越明显。其中添加了 60 min 鲜茧缫丝蚕蛹 MRPs 的样品的抑制效果最显著，其在加速氧化的第 6 天时，酸价与 CK 组的样品有显著差异，并随着时间的延长，抑制作用越显著。这说明鲜茧缫丝蚕蛹 MRPs 对肉脯具有良好的抗氧化效果，能有效抑制肉脯脂肪氧化酸败。

（三）不同反应时间的 MRPs 对肉脯脂肪过氧化值的影响

如图 2-97 所示，肉脯的过氧化值随时间的延长而上升，但鲜茧缫丝蚕蛹 MRPs 能在一定程度上抑制肉脯脂肪过氧化值的上升，并且随着时间的延长，抑制效果越明显，与酸价的结果相一致。其中添加了 60 min 鲜茧缫丝蚕蛹 MRPs 的样品的抑制效果最显著，其在加速氧化的第 3 天时，过氧化值与 CK 组的样品有显著差异，并随着时间的延长，抑制作用越显著。由此可见，鲜茧缫丝蚕蛹 MRPs 能有效延缓肉脯脂肪氧化，提高肉脯品质。

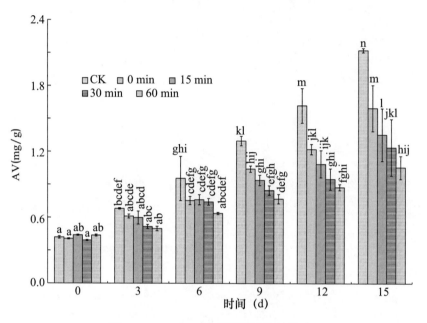

图 2-96　MRPs 对肉脯脂肪酸价的影响

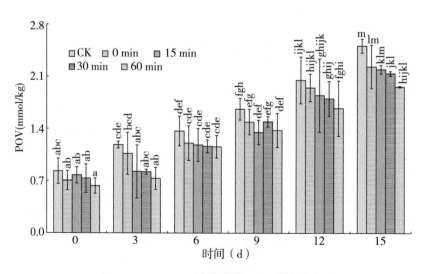

图 2-97　MRPs 对肉脯脂肪 POV 值的影响

（四）不同反应时间的 MRPs 对肉脯脂肪 TBA 值的影响

由图 2-98 可知，肉脯的 TBA 值随时间的延长而上升，但鲜茧缲丝蚕蛹 MRPs 能在一定程度上抑制肉脯脂肪 TBA 值的上升，并且随着时间的延长，抑制效果越明显。其中添加了 60 min 鲜茧缲丝蚕蛹 MRPs 的样品的抑制效果最显著，其在加速氧化的第 3 天时，TBA 值与 CK 组的样品有显著差异，并随着时间的延长，抑制作用越显著。由此可见，加速氧化过程中，肉脯 TBA 值的变化趋势与酸价、过氧化值的变化相吻合。

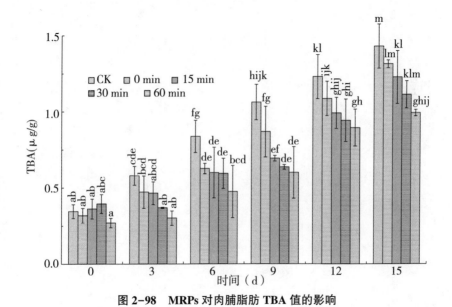

图 2-98 MRPs 对肉脯脂肪 TBA 值的影响

（五）不同反应时间的 MRPs 对肉脯色泽的影响

肉脯在贮藏过程中的色泽变化是影响其质量的一个非常重要的指标，也是可以用眼睛判断的比较直观的指标之一。肉脯的颜色主要来源于肉脯本身的色泽及加工过程中的美拉德反应。在贮藏过程中，肉脯色泽会受光、热或脂肪氧化等因素的影响而逐渐加深，从而影响肉脯质量。由表 2-90 所示可以看出，肉脯的色泽会随着时间的延长而发生变化，但鲜茧缲丝蚕蛹 MRPs 能在一定程度上抑制肉脯的色泽变化。与 CK 组相比，添加了鲜茧缲丝蚕蛹 MRPs 的肉脯能较好地保持原有色泽。其中 30 min 组、60 min 组的色差比 CK 组显著降低，这与肉脯脂肪氧化各项指标的结果相一致。

表 2-90 MRPs 对肉脯色泽的影响

组别	15 d 后的色差（△E）
CK	36.94±0.87[c]
0 min 组	32.31±0.38[bc]
15 min 组	30.15±2.45[abc]
30 min 组	26.49±0.42[ab]
60 min 组	23.21±4.53[a]

（六）小结

在肉脯的加工过程中，其风味物质处在一个动态的变化过程中，挥发性风味物质的种类及含量均存在不同程度的差异，不同反应时间的 MRPs 对肉脯的挥发性风味物质的生成亦有影响，其中烯烃类化合物是肉脯挥发性风味物质的主要贡献者。肉脯的酸价、过氧化值、TBA 值随着加速氧化时间的增加而上升，色泽也逐渐加深，但鲜茧缫丝蚕蛹 MRPs 能在一定程度上抑制肉脯脂肪酸败和色泽变化，并且随着时间的延长，抑制效果越明显，其中以 60 min 组样品的抑制效果最好。

五、烤肉香精

（一）总体工艺技术路线

烤肉香精主要以蚕蛹为原料，具备烤肉香精香气纯正、浓郁且厚实等特征。

具体包括以下步骤：

（1）浸泡。向蚕蛹中加入水，浸泡后进行研磨，得到蚕蛹全液。

（2）水解。调节步骤（1）所得蚕蛹全液的酸碱度至其 pH 值为 7.6~8.5，然后加入碱性蛋白酶，水解 2~4 h，再加入风味蛋白酶，继续水解 2~4 h，得到蚕蛹水解液。

（3）将包含以下质量百分比组分的原料混合均匀。步骤（2）所得蚕蛹水解液 64.5%~86.9%、动物油脂 2%~8%、植物油脂 1%~4%、葡萄糖 5%~8%、白砂糖 2%~5%、半胱氨酸 1%~3%、甘氨酸 0.5%~2%、维生素 B1 0.5%~1%、香辛料提取液 1%~4%、香辛料 0.1%~0.5%，在 95~105℃ 的温度下搅拌 2~4h，得到香精全液，即为烤肉香精。

（4）在 55~65℃ 的温度下，向步骤（3）所得香精全液中加入变性淀粉

（变性淀粉与香精全液的质量百分比为0.5%~1.5%），乳化均匀后研磨，得到烤肉香精。

（二）生产技术要点

（1）蚕蛹与水的质量比为蚕蛹∶水＝（1∶1）~（5∶2）；浸泡的时间为0.5~1 h，浸泡后过胶体磨，得到蚕蛹全液。

（2）用 NaOH 水溶液调节步骤（1）所得蚕蛹全液的酸碱度。NaOH 水溶液的 pH 值为9.6~10.4。

（3）步骤（3）中，搅拌时间为3 h。

六、蚕蛹风味膏

（一）总体工艺技术路线

蚕蛹风味膏具有蚕蛹的口味和香气。经过浸泡、两次提取与分离、真空浓缩、调配等步骤完成。

具体包括以下步骤：

（1）浸泡。将蚕蛹、体积百分比浓度为95%以上的乙醇、食用植物油、维生素 E 混合后浸泡28~45 min；其中，蚕蛹中水分含量为2%~5%，蚕蛹、乙醇、食用植物油和维生素 E 的质量比为蚕蛹∶乙醇∶食用植物油∶维生素 E＝1∶3.2~5.5∶1.1~1.8∶0.001~0.004。

（2）一次提取与分离。将步骤（1）中浸泡后的混合物于55~68℃加热110~160 min，再离心分离加热后的混合物，得到滤液 A 和滤渣。

（3）二次提取与分离。向步骤（2）所得滤渣中加入体积百分比浓度为70%~75%的乙醇，乙醇的质量为滤渣质量的3.5~5.2倍，混匀，于60~75℃加热120~180 min后，进行离心分离，得到滤液 B。

（4）真空浓缩。合并步骤（2）所得滤液 A 和步骤（3）所得滤液 B，真空浓缩至乙醇全部回收，得到浓缩物。

（5）调配。将步骤（4）所得浓缩物、单硬脂酸甘油脂、姜油和洋葱油混合均匀，于80~87℃搅拌加热28~38 min，再冷却，得到蚕蛹风味膏；其中，浓缩物、单硬脂酸甘油脂、姜油和洋葱油的质量比为浓缩物∶单硬脂酸甘油脂∶姜油∶洋葱油＝1∶0.01~0.03∶0.001 2~0.002 1∶0.001 1~0.001 9。

（二）生产技术要点

（1）所用食用植物油为大豆油或花生油。

（2）浸泡前，将蚕蛹粉碎为 20~40 目的粉末。

（3）将水分含量为 85% 以下的新鲜蚕蛹微波加热 15~25 min，微波加热的温度为 55~72℃、功率为 800~1 500 W。

（4）离心条件。采用离心机，以 200~400 目滤袋进行离心分离，离心机的转速为 1 800~2 500 r/min；其中步骤（2）离心分离的温度为 45~60℃，步骤（3）离心分离的温度为 45~65℃。

（5）真空浓缩条件。真空度 0.07~0.09 MPa、温度为 45~60℃ 的条件下进行真空浓缩。

（6）搅拌加热条件。搅拌的速度为 8~14 r/min；冷却时，于 7~15 min 内冷却到 22~30℃。

七、蚕蛹油胶囊

（一）总体工艺技术路线

蚕蛹油以蚕蛹为原料，经恒温烘干、粉碎、过筛、超临界 CO_2 萃取和物理包埋而成。

具体包括以下步骤：

（1）取蚕蛹，筛去死蛹、僵蛹、坏蛹和其他纤维杂质。

（2）缫丝蚕蛹经 60~70℃ 恒温烘干至含水量低于 6%，粉碎过 20~40 目筛。

（3）经超临界二氧化碳萃取脱脂，得到蚕蛹毛油。

（4）将毛油用活性炭和白土进行物理吸附得蚕蛹油，过滤回收油相即得。

（二）生产技术要点

（1）超临界 CO_2 萃取的条件。400 L 容器内，压力 25~35 MPa，温度 30~40℃，分离压力 4~8 MPa，CO_2 流量 1~2 m^3/h，时间 80~120 min。

（2）过滤回收。温度 50~60℃。

八、保健养生露酒

（一）产品优势

原料优势：雄蚕专用品种；优质桑叶饲养；未交配。

配方优势：药食两用滋补原料；君、臣、佐、使的配伍原则；兼顾口感、风味和营养。

工艺优势：科学的质量指标体系；现代逆流渗漉法（溶剂利用率高、有效成分浸出完全、营养活性成分浸出率高）。

（二）工艺技术路线

药材→浸泡→调配→粗滤→微滤→灌装→封口→包装。

（三）生产技术要点

（1）浸泡。将中药材原料按照合适比例添加到基酒中，密封浸泡60天以上。

（2）调配。抽样检测浸泡酒的酒精度，用基酒调配成品酒酒精度至（35±1）%（v/v），总糖（以葡萄糖计）≤300 g/L。

（3）过滤。将成品酒泵入硅藻土过滤机粗滤，冷藏静置沉降后上清液微孔膜过滤（1~2 mm）。

（4）灌装。过滤后的成品酒泵入灌装机灌装封口、贴标包装即可。

九、醇制风味蚕蛹食品

（一）产品优势

本发明采用醇溶液对蚕蛹进行脱水、脱腥处理，有别于传统有机溶剂处理，节能环保，易操作；采用梯度醇制处理，很好地保持了蚕蛹原有形状，避免其在后续加工过程中发生塌陷变形，且具脱水、脱腥和增加风味作用；采用真空油炸处理，可有效防止蚕蛹在加工过程中的氧化，进一步提升蚕蛹的口感和风味。

（二）工艺技术路线（图2-99）

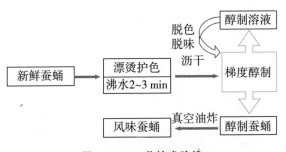

图2-99 工艺技术路线

（三）生产技术要点

（1）烫漂护色。挑选结茧5~9日的新鲜健康蚕蛹，沸水中烫漂2~3 min，捞起沥干。

（2）梯度醇制。烫漂护色后的蚕蛹装入网状铁笼，采用不同酒精度的醇溶液进行梯度醇制处理；醇制溶液中包含8%~10%的桂圆、肉桂、八角、桂皮、丁香、干姜的部分或全部混合物，其中梯度醇溶液的酒精度分别为20%~25%、40%~45%和60%~65%，处理时间分别为2~3天、6~8天和10~15天，处理次数分别为1次、1~2次和2~3次。

（3）真空油炸。梯度醇制后的蚕蛹进行真空油炸，经真空包装、杀菌制成成品。其中真空油炸温度为80~90℃，油炸时间为20~30 min，脱油时间为3~5 min。

十、预调理蚕蛹食品

（一）产品优势

该蚕蛹产品具有饱满和完整的外形，且风味好，能最大限度地保持蚕蛹中特有的营养和风味成分。还可作为中间原料，进一步制成油炸或罐头食品。

（二）工艺技术路线（图2-100）

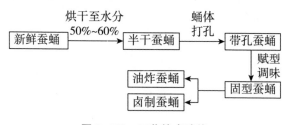

图2-100　工艺技术路线

（三）生产技术要点

（1）制备半干型蚕蛹。选用新鲜的蚕蛹，预处理后进行干燥处理；其中干燥温度为50~60℃，干燥至蚕蛹中水分含量为50%~60%。

（2）制备混合调味凝胶。选取琼脂、卡拉胶和银耳超微粉混匀，制成预混胶粉，在预混胶粉中加入蔗糖水和食盐混匀制成三元预混胶，在三元预混胶中加入香菇水提取物、猪肉膏和迷迭香油，经均质处理，制得混合调味凝胶；其中预混胶粉中琼脂、卡拉胶和银耳超微粉的质量比为（2~3）∶（2~3）∶3，其中银耳超微粉的粒径为200目以上；蔗糖水的用量为预混胶粉总质量的20~40倍，蔗糖水的质量浓度为8%~10%，蔗糖水的温度为85~90℃；所述的三元预混胶中食盐的终浓度为0.4%~0.5%，该终浓度为质量百分含量；猪肉膏的添加量占三元预混胶总质量的0.1%~0.2%，香菇水提取物的添加量占三元预混胶总质量的0.1%~0.2%，迷迭香油的添加量占三元预混胶总质量的0.02%~0.05%。

（3）半干型蚕蛹的预处理。在半干型蚕蛹表面进行扎孔处理。

（4）赋型和调味。将经扎孔处理过的半干型蚕蛹浸渍在步骤（2）制得的混合调味凝胶中，调节温度为80~90℃，真空度为0.03~0.05 MPa，进行赋型和调味处理。

（5）后处理。包括干燥、灭菌和真空包装，其中干燥时温度为50~60℃，干燥至赋型和调味处理过的蚕蛹中的水分含量为25%~30%。

第三章　蚕蛾资源食药用开发新技术研究

第一节　雄蚕蛾抗疲劳活性肽开发及作用机制研究

一、双酶联合酶解制备雄蚕蛾活性肽的工艺优化研究

（一）单一酶的选择

中性蛋白酶、风味蛋白酶、复合蛋白酶、Alcalase 蛋白酶、丹尼斯克蛋白酶、胃蛋白酶等六种酶均以最佳 pH 值、温度条件下进行试验，结果如图3-1 所示，Alcalase 碱性蛋白酶和丹尼斯克蛋白酶的酶解效率明显高于其他四种酶，且来源上均为微生物酶，具有极高的生产应用价值。

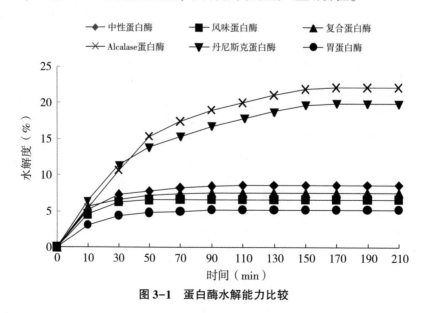

图3-1　蛋白酶水解能力比较

（二）酶解工艺条件对蚕蛾蛋白水解度和肽得率的影响

1. pH 值对酶解效果的影响

由图 3-2 可知，在 pH 值 8~12 的范围雄蚕蛾蛋白水解度呈先增后降趋势，在 pH 值为 10 时有最大水解度，达到 24.19%，而与之对应的肽得率在 pH 值为 8~11 的范围内没有显著性差异，当 pH 值为 12 时显著降低。而氨态氮含量尽管量很少，但也有一定研究意义和参考价值，其测定含量随着 pH 值变化先增大后减小，且在 pH 值为 9 时外切能力达到最佳。当 pH 值为 8~11 时，肽得率相近但水解度有差异，这可能跟酶解多肽的平均长度有关，平均短肽长度与水解度成反比例，由上述可知，在 pH 值为 10 左右时平均肽链长度最短。考虑到肽链分子量越小，活性越强，本试验初步确定酶解最适 pH 值为 10。

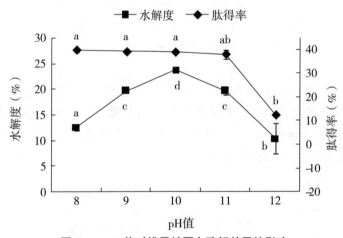

图 3-2　pH 值对雄蚕蛾蛋白酶解效果的影响

注：每组数据不同字母表示数据间差异显著（$P<0.05$）

2. 温度对酶解效果的影响

由图 3-3 可知，在 30~70℃ 范围内水解度随温度增加呈现先增后降的趋势，在 50℃ 左右达到最高值，尽管两酶在同一温度下酶活水平不一定完全一致，但复合酶酶活最佳温度在 50℃ 左右，能达到较好的水解效果，而 30~50℃ 水解效果略低，可能是酶的构象和蛋白质裸露在外的基团没能得到最佳契合，而尽管温度高于 50℃ 会使大分子蛋白空间结构更疏散，更好地与酶结合增大水解能力，但酶活会随温度逐渐升高而降低，酶解效率下降。

又因氨态氮含量也呈先增后减的趋势，在温度为40℃时最高。综上所述，最适酶解温度在50℃左右。

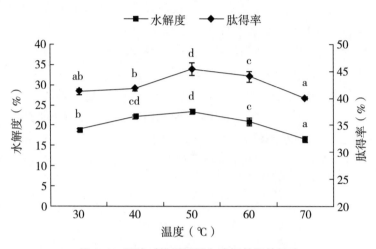

图3-3　温度对雄蚕蛾蛋白酶解效果的影响

3. 时间对酶解效果的影响

以酶解时间为单因素，在基本条件下进行酶解，每隔20 min取样测定，试验结果如图3-4所示。由图可知，雄蚕蛾蛋白水解度和肽得率都随时间延长而增大，随后两指标均趋于平稳。水解度在100 min和120 min没有显

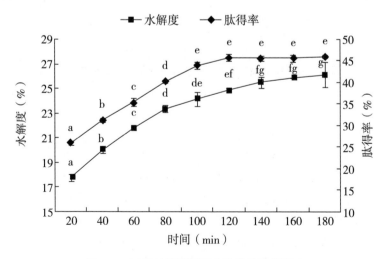

图3-4　时间对雄蚕蛾蛋白酶解效果的影响

著性差异，而 120 min 之后没有显著差异，此后水解程度随时间变化不明显，而肽得率在 100 min 之后均无显著差异，说明在 120 min 比 100 min 平均肽段长度更短，在 100 min 之后随时间变化肽得率无差异而水解度略有变化，是在平均肽段长度上有略微变化，随时间延长对肽得率没有影响。而在 20 min 时，水解度已经达到 17%，再根据曲线趋势变化说明蛋白酶解过程是一个先快后慢的阶段，在前半段水解效果尤为显著。因此，初步最佳酶解时间定为 120 min。

4. 料液比对酶解的影响

料液比即底物浓度，是影响酶解效率的重要因素之一，选择合适的料液比能快速高效地获得酶解产物。在反应基本条件下测定不同料液比的水解度和肽得率，如图 3-5。图中雄蚕蛾蛋白的水解度在料液比为 1:5、1:10、1:15 和 1:20 时较高且差异不显著，之后呈下降趋势；而肽得率先增后降，当料液比为 1:15 时达到最高。这可能是料液比大，溶液流动性差且体系水分浓度低，抑制酶解反应；当料液比较小时，因为底物和酶接触机会较少，会使蛋白质水解能力降低，且会影响生产效益。于是初步确定最佳料液比为 1:15。

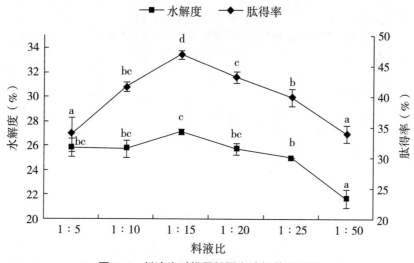

图 3-5　料液比对雄蚕蛾蛋白酶解效果影响

5. 酶配比和加酶量对酶解的影响

在进行优化酶解试验中，酶配比和加酶量也是酶解效果考虑的重要因素，试验在基本酶解条件下，以 1∶15 的料液比进行酶解，两因素试验如图 3-6、图 3-7 所示。图 3-6 显示，Alcalase 蛋白酶和丹尼斯克蛋白酶的酶活相近，当复配比为 1∶2 时比其他复配比例的水解度和肽得率略大，而在该比例下当酶活达到 5 000 U/g 时，水解度和肽得率均达到最大，随加酶量继续增加未发生显著性变化。因此，鉴于酶配比因素没有显著差异和加酶量在 5 000 U/g 时酶解效果较好，以复配比例为 1∶2，酶活为 5 000 U/g 为基本参数，不作正交旋转模型因子讨论。

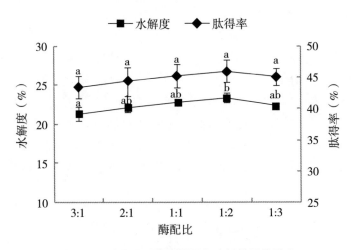

图 3-6 酶配比对雄蚕蛾蛋白酶解效果的影响

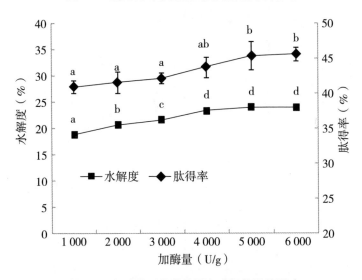

图 3-7 加酶量对雄蚕蛾蛋白酶解效果的影响

（三）酶解工艺条件的响应面曲线模型建立与检验

1. 二次回归拟合及响应面模型

在单因素试验基础上，采用软件 Design-Expert 8.05.0 进行四因素三水平试验设计，以 pH 值（A）、酶解温度（B）、反应时间（C）和底物浓度（D）为自变量，以水解度和肽得率的综合值为响应值。根据变异系数法计算水解度和肽得率的权重，并将两指标统一为综合值，根据试验数据进行二次多项回归分析，得到回归方程为：综合值=39.4-4.51A-1.39B+0.983C+0.882D-5.54AB-0.437AC+2.26AD+1.11BC-0.375BD-1.32CD-6.15A^2-2.76B^2-2.23C^2-3.31D^2，雄蚕蛾蛋白酶解工艺优化试验结果见表3-1。从公式中可知，蚕蛾蛋白酶解中各因素影响程度依次为 pH 值>酶解温度>反应时间>底物浓度。

表 3-1　正交试验设计与结果分析

试验编号	pH 值	酶解温度（℃）	反应时间（min）	底物浓度（%）	水解度（%）	肽得率（%）	综合值（%）
1	-1	0	-1	0	21.47	47.06	36.04
2	0	0	-1	-1	21.92	36.28	30.09
3	0	0	0	0	25.45	48.94	38.82
4	1	0	0	1	16.23	41.65	30.70
5	0	0	0	0	26.40	50.06	39.87
6	0	-1	1	0	23.38	43.46	34.81
7	0	0	0	0	26.40	50.25	39.98
8	-1	0	1	0	23.22	47.97	37.30
9	0	0	0	0	26.72	50.95	40.51
10	-1	0	0	-1	18.61	45.82	34.10
11	0	0	0	0	24.18	48.45	37.99
12	0	0	1	1	21.09	46.33	35.45
13	-1	1	0	0	20.99	48.48	36.64
14	1	0	-1	0	19.02	29.18	24.80
15	1	0	1	0	20.26	27.40	24.33
16	1	0	0	-1	21.09	22.18	21.71
17	-1	0	0	1	17.16	46.90	34.09
18	1	1	0	0	17.18	19.73	18.63
19	0	0	1	-1	23.57	44.81	35.66
20	0	-1	-1	0	19.72	45.61	34.46
21	0	1	1	0	20.99	49.09	36.98

（续表）

试验编号	pH 值	酶解温度 （℃）	反应时间 （min）	底物浓度 （%）	水解度 （%）	肽得率 （%）	综合值 （%）
22	0	−1	0	−1	21.50	44.29	34.47
23	1	−1	0	0	23.22	45.33	35.81
24	0	1	0	1	15.71	41.88	30.61
25	0	0	−1	1	19.64	46.90	35.16
26	0	−1	0	1	19.44	44.24	33.55
27	0	1	0	−1	20.26	42.70	33.03
28	−1	−1	0	0	17.50	42.53	31.74
29	0	1	−1	0	18.61	42.48	32.19

2. 模型的方差分析

对蚕蛾蛋白酶解效果预测回归模型系数的显著性分析结果见表 3-2，其中 B、AD 和 C² 项系数均达到显著水平（$P<0.05$），A、AB、A²、B² 和 C² 项系数均达到极显著水平（$P<0.01$），交互项 AC、BC、BD、CD 等项对酶解效率影响不显著（$P>0.05$），交互项 AB、AD 对酶解影响显著（$P<0.05$）。方差分析中模型的差异达到极显著水平，具有统计学意义，失拟项 $P=0.0604$，表明该模型的拟合效果较好；模型决定系数 $R^2=0.920$，修正相关系数 $R^2\mathrm{adj}=0.850$，表明预测值和试验值具有很好的相关性，可应用实际酶解生产，信噪比（Adeq Precision=6.38%），可表明该模型可应用于预测雄蚕蛾蛋白酶解水解度和肽得率综合值的评定。

表 3-2　雄蚕蛾蛋白酶解效果预测的回归模型方差分析

来源	总方差	自由度	均方	F 值	P 值
模型 Model	734.039 7	13	56.464 59	13.166 34	<0.000 1**
A-pH	244.194 2	1	244.194 2	56.940 88	<0.000 1**
B-温度	23.303 24	1	23.303 24	5.433 818	0.034 1*
C-时间	11.599 23	1	11.599 23	2.704 693	0.121
D-料液比	9.326 697	1	9.326 697	2.174 787	0.161
AB	122.771 9	1	122.771 9	28.627 79	<0.000 1**
AC	0.765 309	1	0.765 309	0.178 454	0.679
AD	20.399 18	1	20.399 18	4.756 655	0.045 5*
BC	4.956 311	1	4.956 311	1.155 706	0.299
CD	6.989 867	1	6.989 867	1.629 888	0.221

（续表）

来源	总方差	自由度	均方	F 值	P 值
A^2	245.657 8	1	245.657 8	57.282 17	<0.000 1**
B^2	49.588 26	1	49.588 26	11.562 93	0.003 95**
C^2	32.300 11	1	32.300 11	7.531 696	0.015 1*
D^2	71.077 38	1	71.077 38	16.573 73	0.001 00**
残差	64.328 35	15	4.288 557		
失拟项	60.206 21	11	5.473 292	5.311 118	0.060 4
纯误差	4.122 139	4	1.030 535		
总变异	798.368 1	28			

$R^2 = 0.919$，信噪比（Adeq Precision）= 14.2，$R^2_{Adj} = 0.850$，变异系数（CV）= 6.19%。
* 表示在 0.05 水平上差异显著，** 表示在 0.01 水平上差异显著。

3. 双因素的交互作用

由表3-2中试验数据可知，该预测回归模型中 AD 的交互作用达到显著水平（$P<0.05$），AB 更是达到极显著水平（$P<0.01$），这说明 pH 值和酶解温度之间、pH 值和料液比之间的交互作用对蚕蛾蛋白酶解效果有显著的影响，交互作用响应面见图 3-8。图 3-8 所示两图交互作用中所选范围均包含等高线中心，在这两个交互作用图中均存在极大值点，此时最优 pH 值、温度和料液比的关系即最佳的工艺参数。

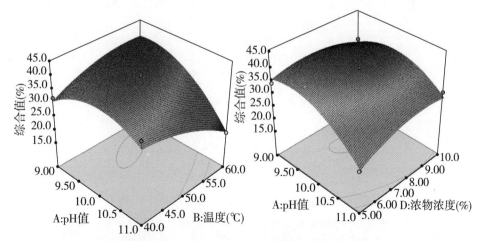

图 3-8　pH 值和酶解温度、pH 值和料液比对雄蚕蛾蛋白酶解效果的交互作用

（四）优化酶解工艺条件及验证

回归模型分析得到雄蚕蛾蛋白酶解工艺条件为：酶解的 pH 值为 9.35，酶解温度为 55.1℃，时间为 129 min，底物浓度为 6.97%。在该优化条件下，蚕蛾蛋白酶解的综合值为 40.70%，为了达到蛋白水解度和肽得率的最优化，并便于实际应用上的操作，经校正后确定酶解的工艺条件为：酶解 pH 值 9.5，酶解温度 55℃，时间 130 min，底物浓度 7.00%。对修正的最优工艺条件重复 3 次试验进行验证，蚕蛾蛋白酶解水解度为 27.32%，肽得率为 50.43%，综合值为 40.47%，从而确定蚕蛾蛋白酶解条件能很好预测回归模型，具有较好的拟合性。

二、雄蚕蛾酶解多肽的抗氧化活性及稳定性研究

（一）蚕蛾蛋白和酶解物的分子量分布

图 3-9 为不同样品分子量分布图（MW）。因为 TSK 凝胶柱（G2000SWXL）的分子量检测范围为 6.5 k~75 kDa，本试验选用该型号凝胶色谱柱。根据标准品测试，建立分子量—时间标准曲线如图 3-9 右角所示。

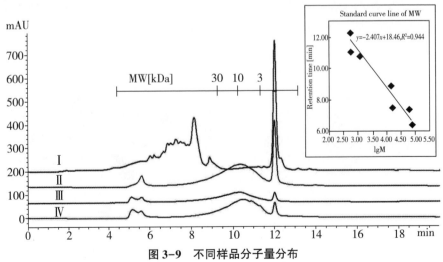

图 3-9 不同样品分子量分布

（Ⅰ）雄蚕蛾蛋白：MS；（Ⅱ）雄蚕蛾蛋白酶解物：MSH；（Ⅲ）胃消化产物：MSHG；（Ⅳ）肠消化产物：MSHI

雄蚕蛾可溶性蛋白，雄蚕蛾水解物，雄蚕蛾水解物的消化产物的分子量分布在图 3-9 显示。雄蚕蛾可溶性蛋白包含绝大多数 30 kDa 以上的蛋白。经酶解优化的雄蚕蛾酶解物水解度和肽得率分别为 27.32% 和 50.43%，检测得知以分子量 30 k~3 kDa 多肽居多。而经过模拟胃消化和肠消化后，雄蚕蛾水解物的消化液的分子量主要分布在 30 k~3 kDa。此外，所有样品均具有特殊色谱峰，保留时间在 5.5~12 min，这些特殊峰可能为雄蚕蛾特殊的存储蛋白，雄蚕蛾也可能包含 30 kDa 分子量的特定蛋白。此外，通过对比可溶性蛋白和酶水解产物在 12 min 左右的小峰略有增加，部分低分子量肽和芳香族氨基酸洗脱，这可能由于蛋白酶特异性切割的结果，蚕蛾蛋白被切割成短片段和氨基酸。图 3-9 所示，在蛋白质和酶水解产物之间分子量分布有显著变化，然而酶解产物和模拟胃肠消化产物的分子量没有明显下降。还有一个奇怪的现象，酶解后大分子物质（保留时间在 5~6 min 的色谱峰）的含量相对增加。这可能是由于灭酶过程的加热处理引起的蛋白质分子聚集现象发生，也可考虑加入的酶制剂的影响。

（二）氨基酸组成

超滤是一种物理的膜分离技术，不会导致蛋白质或肽的损失和破坏。连续超滤后，用不同截留分子量的超滤膜将蚕蛾酶解物分成五个级分，MSH-Ⅰ（MW<3 kDa），MSH-Ⅱ（3 k~5 kDa），MSH-Ⅲ（5 k~10 kDa），MSH-Ⅳ（10 k~30 kDa）和 MSH-Ⅴ（MW>30 kDa）。蛋白质/多肽各超滤组分的氨基酸组成如表 3-3 所示。雄蚕蛾蛋白包含必需氨基酸，如天冬氨酸、谷氨酰胺、亮氨酸、赖氨酸、组氨酸、精氨酸，然而不同组分均含大量天冬氨酸、苏氨酸、谷氨酸、甘氨酸、丙氨酸、缬氨酸。蚕蛾蛋白质的总必需氨基酸评分符合学龄前儿童必需氨基酸需求。此外，雄蚕蛾蛋白的限制性氨基酸含量高，种类齐全（含量达 37.71%）。

表 3-3 样品的氨基酸分析水解前后和超滤组分　　　　　（单位:%）

氨基酸	蛋白	酶解物	超滤组分				
			MSH-Ⅰ	MSH-Ⅱ	MSH-Ⅲ	MSH-Ⅳ	MSH-Ⅴ
Asp	8.06	8.98	11.55	10.98	11.16	12.88	9.15
Thr	4.34	5.52	4.91	5.02	5.18	6.30	5.75
Ser	5.03	7.74	5.58	6.10	6.44	—	8.41
Glu	13.19	11.31	13.85	14.44	14.15	16.83	12.24
Gly	5.46	7.58	8.89	6.10	6.57	8.36	6.24
Ala	8.02	5.74	6.31	5.75	5.85	7.61	6.74

（续表）

氨基酸	蛋白	酶解物	超滤组分				
			MSH-Ⅰ	MSH-Ⅱ	MSH-Ⅲ	MSH-Ⅳ	MSH-Ⅴ
Cys	0.94	2.33	1.26	1.99	2.11	2.35	—
Val	6.11	7.41	5.97	6.44	6.23	8.59	9.83
Met	3.74	1.19	1.06	0.95	0.80	1.03	0.62
Ile	4.69	5.57	4.93	4.54	3.37	3.84	5.07
Leu	7.38	8.39	6.25	6.74	5.60	7.16	8.10
Tyr	4.64	3.73	5.16	7.74	7.66	9.79	10.69
Phe	4.68	1.52	1.97	1.21	1.18	1.77	1.85
Lys	6.76	6.28	6.80	4.93	5.35	5.78	6.24
His	6.16	4.49	2.90	3.63	4.63	5.04	5.38
Arg	6.22	4.60	3.98	2.64	3.33	2.69	3.71
Pro	4.56	7.63	8.61	10.81	10.40	—	—

酪氨酸、甲硫氨酸和组氨酸（占蚕蛾酶解物的9.12%）可直接转移电子使活性氧稳定，同时芳香族氨基酸通过共振形式保持结构稳定。特别是组氨酸和含组氨酸的多肽表现出很强的自由基清除能力和有铁和脂质自由基螯合捕集能力，这是因为咪唑环的存在。赖氨酸和酪氨酸也被报道是氢的供体。与蚕蛾蛋白相比，酶解后的蚕蛾蛋白中丝氨酸、甘氨酸、半胱氨酸、脯氨酸含量显著增加。这基本与超滤馏分结合分子量分布含量相符。与此相反，在小于3 kDa的组分中甘氨酸、赖氨酸、苯丙氨酸、精氨酸、蛋氨酸含量比其他组分的高，这对多肽抗氧化性有帮助。在大于10 kDa的组分中没能检测到丝氨酸、半胱氨酸和脯氨酸。脯氨酸（稍微疏水性氨基酸）从 F_1 至 F_5 增加约3.5倍。

（三）各组分抗氧化效果分析

图3-10显示出了酶解物（EH）和多肽组分的抗氧化测定情况，这里包括ORAC抗氧化指标和清除DPPH自由基能力总的测定情况。在测定过程中，根据Trolox的标准曲线，ESH-Ⅰ组分在浓度0.05~0.03 mg/ml的抗氧化能力等同于ESH-Ⅱ 0.08~0.24 mg/ml的。<10 kDa多肽组分与酶解物具有显著性差异（$p<0.05$），抗氧化活性也随着多肽分子量增大逐渐变小。通过比较，我们发现<3 kDa多肽组分的抗氧化活性明显高于其他组分。图3-10中显示ESH-Ⅰ的ORAC和DPPH的Trolox当量值分别多达1 934 μmol/g和276 μmol/g，是ESH和其他多肽组分的两倍。

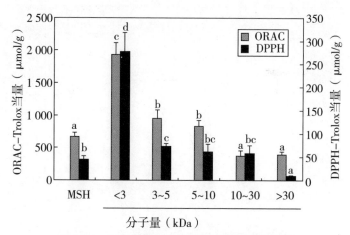

图 3-10　体外酶解物和多肽组分的抗氧化活性

MSH：雄蚕蛾酶解物；多肽组分：根据分子量大小分段为低于 3 kDa、5 k~3 kDa，10 k~5 kDa、30 k~10 kDa 和大于 30 kDa，指标显示 ORAC 和 DPPH 对应 Trolox 当量值（下同）

（四）不同因素对酶解物的稳定性影响

1. 氯化钠对酶解物抗氧化活性的影响

在不同浓度的 NaCl（分别为：0、2、4、6、8 mg/ml）的蚕蛾多肽的抗氧化活性的影响如图 3-11a 所示；酶解物浓度为 0.5 mg/ml（其他因素如同）。一般来说，蚕蛾酶解物的抗氧化活性随 NaCl 浓度增加而降低。然而，当 NaCl 浓度高于 4%，ORAC 指标不显著而 DPPH 清除自由基能力显著下降。此外，总的抗氧化能力在浓度范围内仍然很强。随着 NaCl 浓度的增加，酶解液有可能出现盐析现象。这将导致多肽和蛋白质的溶解性降低，抗氧化活性下降。

2. 温度对水解产物的抗氧化活性影响

不同的温度（25、40、60、80、100℃）对水解产物的抗氧化活性的影响，如图 3-11b 所示。随着温度上升时，ORAC 值呈先上升后略有下降的趋势，当温度为 60℃时抗氧化活性最强，此时 ORAC 值为 650~690 mmol/L。DPPH 清除自由基能力随温度的升高呈下降趋势；DPPH 最高自由基清除能力为 50 mmol/L，并且是在温度 25~40℃相对稳定。多肽的抗氧化活性依赖于蛋白质和多肽的结构等特性，同时温度也被确定为影响抗氧化活性的关键因素。综上所述，多肽的抗氧化活性在自然条件下趋于稳定。

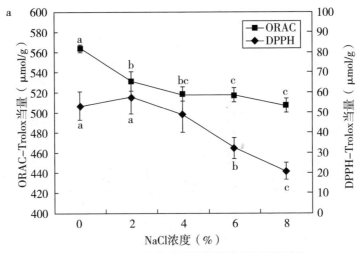

图3-11a NaCl 浓度对酶解物的抗氧化活性影响

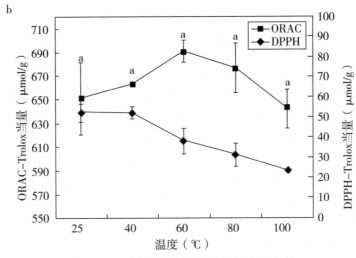

图3-11b 温度对酶解物的抗氧化活性影响

3. pH 值对酶解物的抗氧化活性影响

如图3-11c 为 pH 值对酶解物的抗氧化活性的影响。总体而言，通过 ORAC 和 DPPH 自由基清除能力试验，酶解物的抗氧化活性从 pH 值为 2 到 pH 值10 呈现先上升后下降的趋势。ORAC 值在 pH 值4~10 有一个更好的稳定性，并且和 pH 值2 相比有显著不同差异。在 pH 值转变点的生物活性肽具有最强 DPPH 自由基清除活性，而酸性和碱性条件不利于酶解物的抗氧化性。

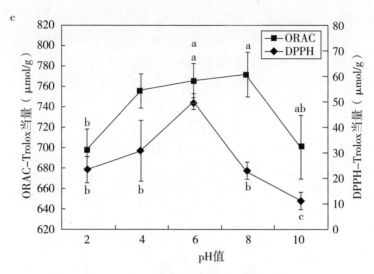

图 3-11c　pH 值对酶解物的抗氧化活性影响

4. 光对水解物的抗氧化活性的影响

不同的光照时间下酶解物的抗氧化活性如图 3-11d 所示。该图显示不同光照时间下，样品的 ORAC 抗氧化活性指标与 DPPH 清除能力趋势相一

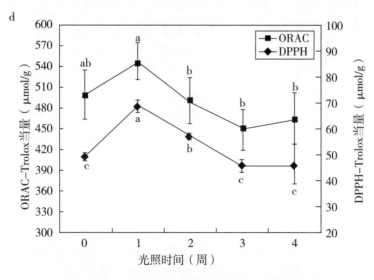

图 3-11d　光照时间对酶解物的抗氧化活性影响

致，并且在一周左右呈现较强的清除自由基的能力。这可能是光照激活部分肽键引起的从而导致抗氧化能力的提高，但随时间延长更多的射线对多肽结构产生影响。我们预测，在室温长期储存下，多肽的抗氧化活性会略有下降。我们认为其中的温度是抗氧化活性的一个重要因素。这些结果表明，在储存过程中适当的光照有利于改善多肽的抗氧化能力。

5. 胃肠消化对酶解物的抗氧化活性影响

图 3-12 可以看出，胃肠消化产物的蛋白分子量与酶解物略微降低。胃肠消化的分子量分布主要集中在 3 k~10 kDa，同时说明了抗氧化肽的降解程度不明显，并且抗氧化肽活性相对稳定。

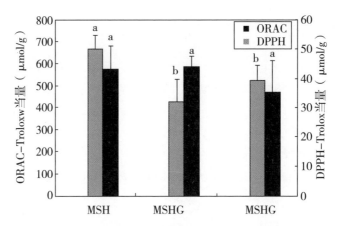

图 3-12　肠胃消化对雄蚕蛾酶解物的抗氧化活性
EH：酶解物；MSHG：胃消产物；MSHI：肠消化产物

图 3-12 说明人体消化系统中抗氧化活性的变化。在 ORAC 试验中，胃肠消化产物的抗氧化活性与酶解物之间具有显著性差异，并表现为略微下降［从（666.24±65.82）μmol/g 降至（527.41±60.94）μmol/g］。与此相反，整个消化过程中清除 DPPH 自由基的能力并没有显著性差异（$p<0.05$）［从（43.19±7.80）μmol/g 至（35.11±10.90）μmol/g］。雄蚕蛾酶解物包含半胱氨酸（2.33%），丝氨酸（7.74%）和甘氨酸（7.58%）。然而，蛋白质/多肽的氨基酸序列、组成和结构在降解过程中起着关键作用。总言之，由于半胱氨酸对 ORAC 值影响小并且较难降解，独特的雄蚕蛾酶解物呈现较强的抗胃肠消化能力，而且抗氧化能力相对稳定。

总之，雄蚕蛾酶解物可作为新型活性肽的来源，用于防止食品加工的氧化反应发生，以及增强功能性食品的抗氧化性能。在酶解物的体内活性需要进一步研究，活性成分中多肽仍需要进行分离纯化和结构鉴定。

三、雄蚕蛾多肽对小鼠抗疲劳作用影响及机制研究

（一）雄蚕蛾多肽对小鼠负重游泳时间的影响

由图 3-13 可以看到，试验对照组因为进行了睡眠剥夺处理，和空白对照组负重游泳时间对比，游泳时间显著减短，说明试验组小鼠疲劳程度加剧，睡眠剥夺处理可在运动疲劳基础上构建精神疲劳模型；而在试验组中，试验对照组因未食用雄蚕蛾酶解物，在负重游泳时间上，和不同浓度试验组有显著差异；服用不同雄蚕蛾多肽的小鼠组别之间比试验对照组显著提高，但不同浓度组别之间没有显著差异。因此，雄蚕蛾活性肽对小鼠负重游泳时间的提高有显著增强的作用，雄蚕蛾活性肽对小鼠负重游泳时间呈阳性。

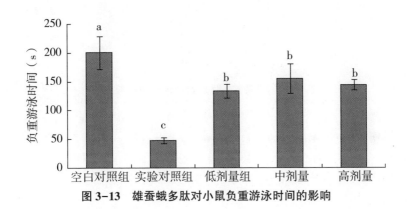

图 3-13　雄蚕蛾多肽对小鼠负重游泳时间的影响

（二）雄蚕蛾活性肽对小鼠血液指标的影响

本试验引入睡眠剥夺试验，在图 3-14 中，空白对照组和试验组对比，尿素氮含量和其他组别有显著差异，且含量最低，这结果可能和睡眠剥夺试验相关。睡眠剥夺会促使动物体内蛋白分解代谢增强，从而出现这样变化；而试验组中中剂量组比其他组别有一定差异（$p<0.05$），雄蚕蛾活性肽可能一定程度抑制脏器的蛋白分解代谢，增强肾小球的吸收，有一定的抗疲劳功能。图 3-14 显示，在负重游泳运动中，动物在力竭时进行无氧呼吸，各组织代谢乳酸随血液流向全身，在中剂量组显著低于其他各组，可

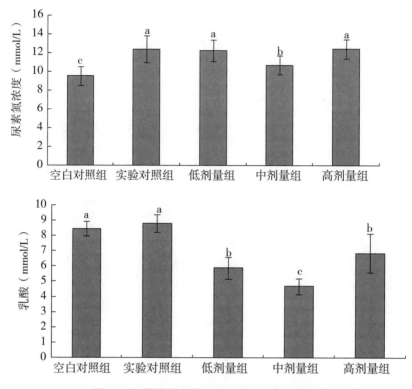

图 3-14　雄蚕蛾活性肽对小鼠血液指标影响

能由于机体疲劳游泳时间较短，在睡眠剥夺过程中体内能量物质消耗较大，同时具有一定的精神疲劳，血液含量乳酸较少，而通过对比游泳时间，在试验组中中剂量组比其他组别较长，所以雄蚕蛾多肽具有一定的抗疲劳效果。

（三）雄蚕蛾活性肽对小鼠肌肉指标的影响

在小鼠肌肉组织中，表 3-4 为肌肉组织生理生化指标变化：①Ca^{2+}-Mg^{2+}-ATP 酶和 Na^+-K^+-ATP 酶活力为调节能量代谢的关键酶。两种酶活均在试验对照组最低，且与其他组别有显著差异。但在试验组中饲喂不同浓度样品后，两种酶均呈现先增高后降低的趋势，在浓度为 1 mg/g 时呈现最高的酶活，且显著高于未经睡眠剥夺试验的空白对照组（$P < 0.05$）。②乳酸作为机体无氧呼吸的代谢产物，乳酸在机体的堆积越多，严重影响机体内环境，疲劳程度加深。适当浓度多肽可能促使乳酸转化为丙酮酸参与三羧酸循环，有利于肌糖原含量提高。当样品浓度为 1.0 ~ 3.0 mg/100 g 时，

其糖原含量和试验对照组有显著差异（$P<0.05$），而乳酸脱氢酶是催化乳酸和丙酮转化的同工酶，机体劳累会导致乳酸脱氢酶的偏低。试验对照组与空白对照组比较偏低也是该原因；而不同剂量试验组能保持其活力具备一定抗疲劳能力（$P<0.05$）。③在生理生化角度讲，睡眠剥夺试验和负重游泳时间均消耗动物体内大量能源物质，糖原含量降低，血糖降低。和试验对照组比较发现雄蚕蛾活性肽能显著提高肌肉的糖原储藏（$P<0.01$）。特别需要指出的是，Glut4 转运体作为能量代谢通路中的关键控制因子，是能量物质转运的载体，在通过各组进行对比发现，中剂量组的 Glut4 转运体含量水平最高，与其他组别有显著差异（$P<0.05$），说明了饮食中补充雄蚕蛾多肽对体内能量代谢有一定的提高。综上所述，雄蚕蛾多肽能提高细胞能量物质转运作用，对能量供应起到很大作用，从而在能量代谢学说这一环节得到很好的提高。

表 3-4 雄蚕蛾活性肽对小鼠肌肉组织指标影响（$\bar{x} \pm s$）

指标	单位	空白对照	试验对照	低剂量组	中剂量组	高剂量组
$Ca^{2+}-Mg^{2+}-ATP$ 酶活	$\mu molpi/(mg \cdot prot \cdot h)$	2.48 ± 0.28^b	1.60 ± 0.04^d	1.91 ± 0.10^c	3.70 ± 0.21^a	3.62 ± 0.21^a
Na^+-K^+-ATP 酶活	$\mu molpi/(mg \cdot prot \cdot h)$	0.79 ± 0.05^c	0.66 ± 0.09^d	0.68 ± 0.09^d	1.20 ± 0.10^a	1.06 ± 0.06^b
乳酸	$mmol/(g \cdot prot)$	0.11 ± 0.01^b	0.15 ± 0.01^a	0.15 ± 0.00^a	0.09 ± 0.01^b	0.08 ± 0.02^b
乳酸脱氢酶活力	$U/(g \cdot prot)$	$12\ 007\pm561^{bc}$	$11\ 136\pm973^c$	$12\ 263\pm1\ 011^{ab}$	$12\ 993\pm843^a$	$11\ 817\pm593^{bc}$
糖原	mg/g	0.86 ± 0.07^c	0.72 ± 0.11^d	1.21 ± 0.12^b	1.34 ± 0.09^a	0.93 ± 0.04^c
Glut4 含量	ng/ml	1.39 ± 0.22^d	1.55 ± 0.08^{cd}	1.66 ± 0.35^c	2.38 ± 0.14^a	2.03 ± 0.22^b

（四）雄蚕蛾活性肽对小鼠肝脏指标的影响

图 3-15 为小鼠肝脏指标的变化情况。从机体抗氧化角度分析，抗氧化体系分为酶促与非酶促两个体系，机体抗氧化能力强弱与人体健康密不可分。肝脏组织中 T-SOD 对机体的氧化和抗氧化平衡起关键作用，而丙二醛（MDA）间接地反映细胞受损程度，两者可综合评价脂质过氧化程度。通过对脂质过氧化程度研究，总的超氧化物歧化酶（T-SOD）和脂质过氧化值（MDA）具有动态平衡的关系。

（1）T-SOD 作为体内还原剂可以将体内的超氧化物转化为羟基化合物保护细胞免受损伤，对机体的氧化平衡起关键作用，而丙二醛（MDA）是机体遭受氧自由基攻击时产生的脂质过氧化物，间接地反映出细胞损伤的程度，两者结合可以综合评价脂质过氧化程度。雄蚕蛾活性肽经消化吸收后，仍保持良好的抗氧化活性。而该组中 MDA 值较低，并且各组显著差异，因此具有统计学意义。

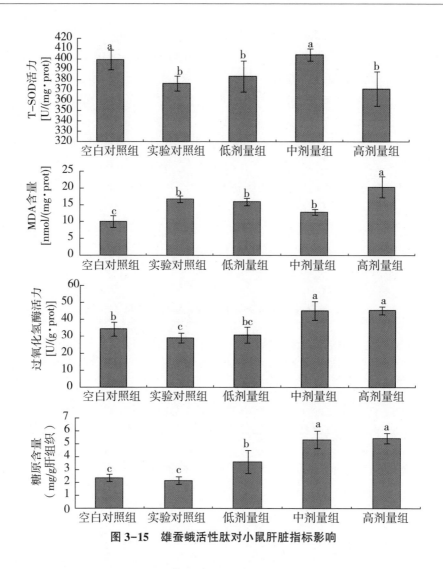

图 3-15　雄蚕蛾活性肽对小鼠肝脏指标影响

（2）过氧化氢酶作为机体代谢调节的抗氧化酶，随着多肽浓度增加，过氧化氢酶含量显著增加，机体抗氧化效果明显增强。

（3）雄蚕蛾活性肽可提高糖原储备，可能通过糖异生等途径进行合成肝糖原，甚至在中剂量高剂量试验组比空白组和试验对照组高出 80% 以上。试验组中中剂量雄蚕蛾多肽可较好地起到防御氧化的能力，摄入过多抗氧化肽也会影响正常的抗氧化系统，同时抗氧化肽具备较强的抗消化稳定性。除此外，多肽有效提高机体能源物质含量，具有较好的生物活性。

（五）雄蚕蛾活性肽对小鼠脑组织指标的影响

由图 3-16 可知：

（1）机体防御体系的抗氧化能力强弱与健康程度密不可分，而抗氧化体系有酶促与非酶促两个体系。T-AOC 可以检测组织中抗氧化防御体系的强弱，同时能反映机体的健康情况。在通过对各组数据分析比对，空白对照组和试验对照组的抗氧化程度没有差异，而随着雄蚕蛾多肽的摄入呈现先增加后降低的趋势，在浓度为 3 mg/g 时抗氧化能力最弱（$p<0.05$），这可能与摄入过多抗氧化肽有关，过多的摄入可能影响正常的抗氧化体系。

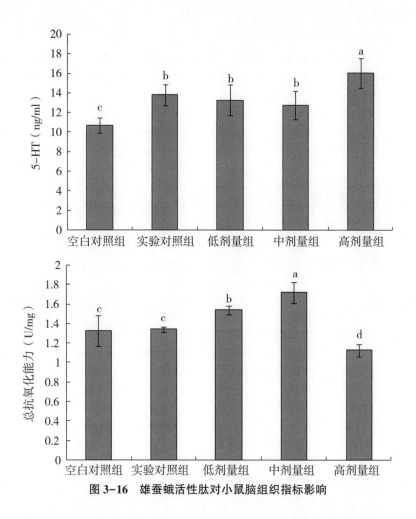

图 3-16 雄蚕蛾活性肽对小鼠脑组织指标影响

（2）机体的保护抑制学说是疲劳学说之一。在神经系统中，5-羟色胺（5-HT）具有镇定和嗜睡等作用，抑制神经系统引起精神疲劳。在小鼠脑组织中，5-HT 含量反映精神疲劳和运动疲劳的程度。空白组未经睡眠剥夺处理，充足的睡眠使其具备良好精神状态，空白组 5-HT 含量反映运动疲劳程度，而试验组则相应反映出运动疲劳和精神疲劳的共同结果。和空白组对比，试验组与其具有显著差异，反映出精神疲劳对试验结果影响大；在试验组中，中剂量组比其他各组低，但不同组别差异不显著。

（六）雄蚕蛾活性肽对小鼠肌肉组织形态的影响

雄蚕蛾活性肽对小鼠肌肉组织形态影响如图 3-17 所示。图中显示，试验对照组的小鼠骨骼肌纤维束间距明显扩大，出现间质水肿、肌小节断裂、灌胃雄蚕蛾活性肽组的组织结构有明显改善作用。在试验组中，中剂量雄蚕蛾活性肽组的组织结构均匀，肌肉组织正常未出现病变。适当量的雄蚕蛾活性肽不仅使肌肉营养条件改善，也使肌肉组织的质量明显改善。

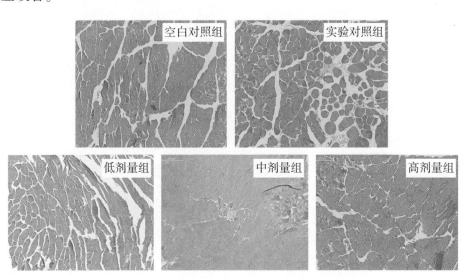

图 3-17　雄蚕蛾多肽对小鼠肌肉组织形态影响

第二节　雄蚕蛾蜕皮激素和睾酮联合制备工艺

一、雄蛾和雌蛾体内蜕皮激素的变化规律

蚕蛾体内 α-蜕皮激素（E）和 β-蜕皮激素（20E）的含量相对较高，而马克甾酮 A（MakA）、Muristerone A（MurA）、松甾酮 A（PonA）基本上检测不到，且雌雄个体间 E 和 20E 含量相差很大（图 3-18、图 3-19）。从出蛾第 1 天到出蛾第 3 天，雌蛾体内 20E 和 E 的含量显著高于雄蛾（$P<0.05$），且雄蛾化蛾后，2E 和 E 的含量一直处于较低水平。

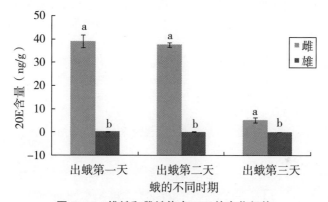

图 3-18　雄蛾和雌蛾体内 20E 的变化规律

注：图中不同字母表示蛾雌雄个体之间含量差异显著（$P<0.05$）

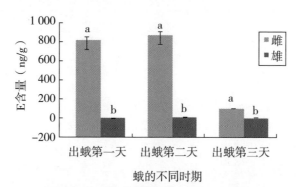

图 3-19　雄蛾和雌蛾体内 E 的变化规律

注：图中不同字母表示蛾雌雄个体之间含量差异显著（$P<0.05$）

二、家蚕雄蛾内睾酮和 β-蜕皮激素的联合提取及 HPLC 测定

测定睾酮和 β-蜕皮激素标准品，获得睾酮及 β-蜕皮激素的色谱图，见图 3-20。

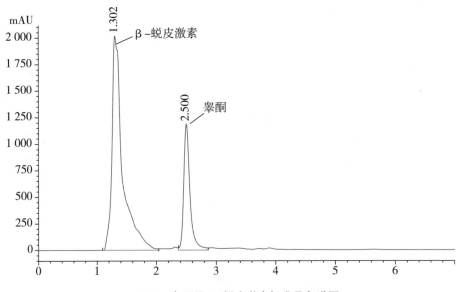

图 3-20　睾酮及 β-蜕皮激素标准品色谱图

分别以睾酮和 β-蜕皮激素的峰面积为纵坐标（y_1，y_2），以质量浓度（μg/ml）为横坐标（x），绘制出标准曲线，得到标准曲线的回归方程、相关系数及最低检出限见表 3-5。

表 3-5　标准曲线回归方程、相关系数及最低检出限

名称	回归方程	相关系数 R^2	最低检出限（μg/ml）
睾酮	$y_1 = 66.884x - 290.04$	0.998 7	0.47
β-蜕皮激素	$y_2 = 495.96x + 776.85$	0.999 1	1.25

从图 3-20 及表 3-5 可以看出，同浓度的睾酮及 β-蜕皮激素标准品混合后，在同一色谱图中与各自单次进样检测的色谱图中出峰时间大致相同且相互间有显著区别。睾酮和 β-蜕皮激素溶液浓度在 20~70 μg/ml 范围内与峰面积呈良好的线性关系，其中睾酮及 β-蜕皮激素含量的最低检出限分别为 0.47 μg/ml、1.25 μg/ml，结果表明该方法的灵敏度较高，能够检出含量较低的睾酮和 β-蜕皮激素含量。

（一）提取方法的确定

睾酮和 β-蜕皮激素属于类固醇甾族化合物，不溶于水，溶于乙醇、二氯甲烷、乙酸乙酯、乙腈、甲醇等有机溶剂。考虑到雄蚕蛾样品中油脂含量高，且残留少量水分，有机溶剂浸泡后的提取液会形成油脂、水、溶剂的三相体系，给最终的分析检测带来困难，经过多次试验摸索，确定了初步的提取方法。

称取 10 g 样品粉末置于锥形瓶中，加 5 倍有机溶剂振荡提取 2 h，提取液抽滤去除滤渣，保留滤液。滤液置于旋蒸瓶中保持 55~60℃ 旋转蒸发，待有机溶剂和水分蒸干后，加入适量无水乙醇将其洗出，低温离心 20 min（转速 5 000~6 000 r/min），取出后置于 -18℃ 条件下冷冻 12 h，待中下层脂肪呈凝固状，分离吸出上层提取液至离心管，再次低温离心 20 min（转速 5 000~6 000 r/min）后，上层溶液旋蒸浓缩至适量后用无水乙醇定容至 5 ml 容量瓶，-18℃ 保存待测。

1. 提取溶剂的选择

表 3-6　不同溶剂对样品睾酮及 β-蜕皮激素提取效率　　（单位：μg/g）

测定项目	溶剂			
	甲醇（100%）	乙酸乙酯（100%）	70%乙醇	乙酸乙酯：乙醇（体积比 9:1）
睾酮	2.86±0.08	2.58±0.07	3.90±0.03	2.26±0.16
β-蜕皮激素	6.95±0.08	6.27±0.04	9.49±0.14	5.50±0.12

本试验分别采用 100% 甲醇、乙酸乙酯、70% 乙醇、乙酸乙酯：乙醇（体积比 9:1）作为溶剂，对雄蚕蛾样品进行浸泡提取。因此对于不同的样品间选取不同配比的溶剂和方法可以显著提高提取效率。结果见表 3-6。结果表明：采用以上不同溶剂可对样品睾酮及 β-蜕皮激素进行提取，其中 70% 乙醇对雄蚕蛾体内睾酮及 β-蜕皮激素进行提取，有较高的提取效率，因此初步采用 70% 乙醇作为有效提取溶剂。

2. 乙醇浓度的选择

选取不同浓度的乙醇对样品睾酮和 β-蜕皮激素提取效果进行了研究讨论，结果见表 3-7。可以看出，采用 50% 和 70% 浓度的乙醇可对雄蚕蛾体内睾酮进行提取，且用 70% 乙醇提取有较高含量，采用 70% 以上浓度乙醇对其进行提取，未检出睾酮含量。β-蜕皮激素可采用不同浓度乙醇提取，提取效率随乙醇浓度的增加逐渐增加。考虑到本试验希望能够对睾酮和 β-蜕皮激素进行联合提取，最终选择浓度为 70% 的乙醇作为提取溶剂。

表 3-7　不同乙醇浓度对样品睾酮及 β-蜕皮激素提取效率　（单位：μg/g）

测定项目	乙醇浓度				
	50%	70%	85%	95%	100%
睾酮	2.76±0.07	3.73±0.02	nd	nd	nd
β-蜕皮激素	6.71±0.14	9.06±0.14	14.62±0.11	16.34±0.14	16.26±0.12

注：nd-未检出

（二）样品的测定

1. 雄蚕蛾样品的测定

将样品浓缩液通过 0.45 μm 超微孔滤膜过滤后，取滤液作为待测液，将配置流动相以超声波脱气，待色谱仪基线平稳后，开启加样器进样20 μl，记录色谱图如图 3-21。试验重复 3 次，取平均值，结果见表 3-8。

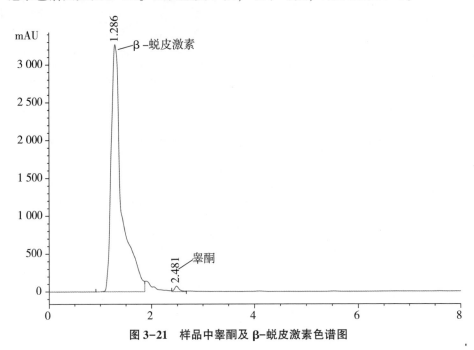

图 3-21　样品中睾酮及 β-蜕皮激素色谱图

表 3-8　样品中睾酮及 β-蜕皮激素含量　（单位：μg/g）

测定项目	试验次数			平均	标准差
	第1次	第2次	第3次		
睾酮	5.45	5.96	6.06	5.82	0.33
β-蜕皮激素	16.72	17.12	17.40	17.08	0.34

由表3-8可以看出，采用上述确定的测定方法，对雄蚕蛾样品进行了睾酮及β-蜕皮激素联合测定，通过多次测定，取平均值，得到了较高的睾酮及β-蜕皮激素含量，且平行性较好。

2. 回收率测定

采用加样回收法，精确量取已准确测得睾酮和β-蜕皮激素浓度的未交配雄蚕蛾提取液，分别加入一定浓度的睾酮和β-蜕皮激素标准品，按上述方法测定，得到睾酮的平均回收率为98.59%，β-蜕皮激素的平均回收率为98.35%，具体结果见表3-9、表3-10。

表3-9　样品中睾酮回收率

序号	睾酮含量 （μg/g）	睾酮加入量 （μg/g）	测定总量 （μg/g）	回收率 （%）	平均回收率 （%）
1	5.82	1.16	6.94	96.55	
2	5.82	1.91	7.73	100	98.59
3	5.82	2.61	8.41	99.23	

表3-10　样品中β-蜕皮激素回收率

序号	β-蜕皮激素 （μg/g）	加入量 （μg/g）	测定总量 （μg/g）	回收率 （%）	平均回收率（%）
1	17.08	1.91	18.98	99.48	
2	17.08	2.23	19.30	99.55	98.35
3	17.08	2.77	19.74	96.03	

结果表明，按上述建立的测定方法，所得样品睾酮和β-蜕皮激素均有较高回收率，证明此方法切实可行。

3. 不同样品的睾酮及β-蜕皮激素含量测定

根据上述建立的测定方法，对家蚕不同样品进行睾酮和β-蜕皮激素的联合提取、测定，每组样品试验重复3次，取平均值，结果见表3-11。结果表明，家蚕不同发育阶段的样品睾酮及β-蜕皮激素含量差异明显，其中未经交配的雄蛾体内睾酮和β-蜕皮激素含量最高，而且蛾体内睾酮及β-蜕皮激素含量较蛹体内高，这可能与家蚕的生殖发育有关。

测定项目	未交配雄蛾	未交配雌蛾	家蚕雄蛹	家蚕雌蛹
睾酮	5.82±0.33	2.92±0.23	2.58±0.07	2.48±0.06
β-蜕皮激素	17.08±0.34	10.80±0.26	9.04±0.09	5.87±0.13

表 3-11　家蚕不同样品睾酮和 β-蜕皮激素含量　　　（单位：μg/g）

三、雄蚕蛾胶囊制作工艺和质量标准研究

雄蚕蛾胶囊处方由雄蚕蛾、补骨脂、淫羊藿、何首乌、熟地黄、菟丝子等药材组成，具有补肾益元、益气养阴、抵抗疲劳等功效，其制作工艺主要是浸提雄蚕蛾活性物质，煎煮其他中药材，再将二者合并成浸膏并制粉。

（一）雄蚕蛾活性物质提取工艺优化

1. 不同提取时间对睾酮和 β-蜕皮激素的提取效率

从图 3-22 可以看出，提取时间对睾酮和 β-蜕皮激素的提取效率有显著影响。随着提取时间的增加，雄蚕蛾睾酮、β-蜕皮激素的提取效率也随之上升，在 2.5 h 处有最高的提取效率。虽随着提取时间的增加，提取效率呈上升趋势，但提取效率提高并不显著，考虑到实际试验生产及成本，选取提取时间 2.0 h 较为合理。

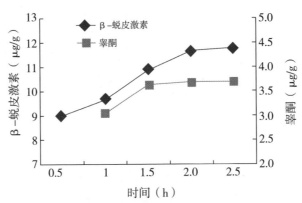

图 3-22　不同提取时间对睾酮和 β-蜕皮激素的提取效率

2. 不同提取温度对睾酮和 β-蜕皮激素的提取效率

由图 3-23 可知，随着提取温度的增加，睾酮和 β-蜕皮激素的提取效

率逐渐降低，当提取温度超过 65℃ 时，睾酮未能检出，推测可能是在高温时，睾酮易分解变性。因此，提取温度选择 25℃ 时，雄蚕蛾睾酮和 β-蜕皮激素的提取效率较高。

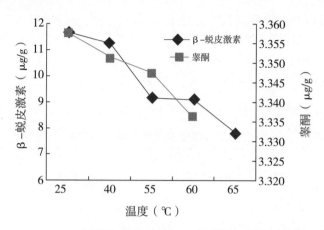

图 3-23　不同提取温度对睾酮和 β-蜕皮激素的提取效率

3. 不同固液比对睾酮和 β-蜕皮激素的提取效率

由图 3-24 可以看出，不同的固液比对睾酮和 β-蜕皮激素的提取效率有一定影响。随着提取溶剂用量的增加，雄蚕蛾睾酮提取效率逐渐下降，β-蜕皮激素提取效率先上升后下降。在溶液体积较少时，溶液无法浸没样品从而对样品中睾酮和 β-蜕皮激素无法充分提取。综合考虑，选取固液比为 1∶5 较合理。

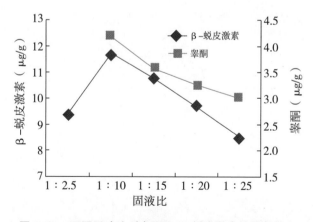

图 3-24　不同固液比对睾酮和 β-蜕皮激素的提取效率

(二）中药材配料煎煮工艺优化

从试验结果表 3-12 分析可知：各因素对试验影响的顺序为煎煮次数（C）>加水量（A）>提取时间（B），加水量（A）选择 A3，提取时间（B）选择 B3，煎煮次数（C）选择 C3，最佳工艺条件拟定为 A3B3C3，又因表 3-13 方差分析的结果表明，因素 A 和 C 即加水量和煎煮次数在统计学上具有统计学意义，B 则无统计学意义，为了节约成本及提高生产效率，故将最佳提取工艺定为 A3B1C3，即加水量为 25 倍，提取时间为 30 min，提取次数为 3 次，有最高的多糖及固形物含量。

表 3-12　水提正交工艺直观分析结果

试验号	因素			试验结果	
	A	B	C	多糖含量（mg/ml）	固形物含量（%）
1	1	1	1	0.330 4	1.9
2	1	2	2	0.475 5	3.8
3	1	3	3	0.650 6	6.7
4	2	1	2	0.692 2	5.7
5	2	2	3	0.956 4	8.6
6	2	3	1	0.412 8	2.9
7	3	1	3	1.000 8	9.5
8	3	2	1	0.474 6	3.8
9	3	3	2	0.703 1	6.7
均值 1	0.485 5	0.674 5	0.405 9		
均值 2	0.687 1	0.635 5	0.623 6		
均值 3	0.726 2	0.588 8	0.869 3		
极差	0.240 7	0.085 6	0.463 4		

表 3-13　水提正交工艺方差分析结果

数据源	偏差平方和	自由度	均方	F 值	显著性
加水量（A）	0.100	2	0.050	19.994	＊
提取时间（B）	0.011	2	0.006	2.203	
煎煮次数（C）	0.322	2	0.161	64.399	＊
误差	0.005	2	0.003		

＊有显著性，$P<0.05$

（三）不同辅料粉体学研究

通过上文叙述的试验方法，测得不同配比混合辅料的吸湿率、休止角和堆密度，得出最佳辅料的选择。

1. 吸湿率

由图 3-25 和表 3-14 可以得知，采用淀粉、糊精、微晶纤维素作为辅料，能够有效降低药粉的吸湿率，糊精与淀粉之间差异并不明显，微晶纤维素有相对较好的降低药粉吸湿率的效果。采用乳糖作为辅料会使吸湿率升高，效果较差。

表 3-14　不同辅料在不同时间的吸湿率　　　　　　（单位:%）

添加辅料	时间					
	3 h	6 h	9 h	12 h	21 h	24 h
CK	7.96	9.05	9.74	9.90	9.83	9.30
淀粉	6.98	8.45	9.11	9.30	8.99	8.60
糊精	6.64	8.26	9.17	9.41	9.04	8.59
乳糖	8.97	11.05	11.79	11.95	11.63	11.19
微晶纤维素	6.84	7.99	8.58	8.76	8.98	8.54

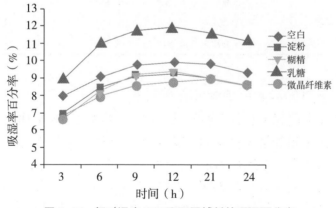

图 3-25　相对湿度 75% 下不同辅料的吸湿百分率

2. 休止角

由表 3-15 可知，添加淀粉、糊精及微晶纤维素有较小的休止角，休止角小于 40° 可作为工业生产，除乳糖外，其他条件下的产品粉末均可作为符合工业生产的产品辅料。

表 3-15　不同辅料与药粉混合后的休止角

添加辅料	平均高度（cm）	半径（cm）	休止角 α（°）
CK	2.47	3	39.4
淀粉	2.40	3	38.7
糊精	2.37	3	38.3
微晶纤维素	2.50	3	39.8
乳糖	2.77	3	42.7

3. 堆密度

由表 3-16 可知，添加微晶纤维素和糊精有较高的堆密度，其中微晶纤维素堆密度值最高，乳糖堆密度最低。药粉的堆密度值，是药粉工艺生产选择包装胶囊型号的重要标准。堆密度值越高，药粉装入胶囊能够堆积得更为紧实。

表 3-16　不同辅料与药粉混合后的堆密度

添加辅料	平均质量（g）	平均体积（ml）	堆密度平均值（g/ml）
CK	3.002	4.267	0.704
淀粉	3.000	4.367	0.687
糊精	3.001	4.133	0.727
微晶纤维素	3.001	3.967	0.757
乳糖	3.001	4.700	0.639

（四）不同配比混合辅料粉体学研究

通过上述不同辅料粉体学的研究结果可以得知，乳糖作为添加辅料，从吸湿率、休止角和堆密度测量结果分析，乳糖不合适作为药粉的辅料。故不考虑乳糖作为辅料进行添加。其他三种辅料有较好的试验结果，符合研究要求，其中淀粉和糊精两者之间差异不大，考虑实际生产工艺成本，故考虑选用糊精和微晶纤维素作为辅料进行添加。本节选取固定加入粉末重量 3% 的微晶纤维素以及不同比例的糊精混合作为辅料。再次通过粉体学试验研究，选出最佳配伍的辅料，得到质量最佳的胶囊产品。

1. 吸湿率

由图 3-26 和表 3-17 可以得知，在固定添加 3% 微晶纤维素的条件下，添加 5% 和 10% 的糊精产品粉末有较低的吸湿率，随着添加量的增加，粉末的吸湿率也随之上升。

表 3-17　不同配比辅料的吸湿率　　　　　　　　（单位:%）

糊精添加量	时　　　间					
	3 h	6 h	9 h	12 h	21 h	24 h
0%	6.95	8.10	8.85	8.96	9.02	7.93
5%	7.89	7.96	8.88	9.64	9.85	8.41
10%	8.97	9.65	9.88	9.92	9.95	9.78
15%	10.02	11.65	11.88	12.07	12.92	10.89
20%	15.84	15.98	16.07	16.54	17.79	17.01

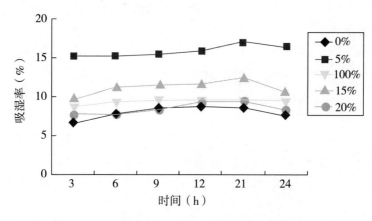

图 3-26　相对湿度 75% 下不同配比辅料的吸湿率

2. 休止角

由表 3-18 可知，在固定添加 3% 的微晶纤维素的条件下，不添加糊精和添加 5% 少量的糊精，能够符合工业生产即休止角小于 40° 的要求。

表 3-18　不同配比辅料与药粉混合后的休止角

糊精添加量	平均高度（cm）	半径（cm）	休止角 α（°）
0%	2.45	3	39.2
5%	2.5	3	39.8
10%	2.71	3	42.1
15%	3.22	3	47.0
20%	3.5	3	49.4

3. 堆密度

由表 3-19 可知，在固定添加 3% 的微晶纤维素的条件下，添加不同比例的糊精，其堆密度值相对较低，且相互之间并无明显差异。

表 3-19　不同配比辅料与药粉混合后的堆密度

糊精添加量	平均质量（g）	平均体积（ml）	堆密度平均值（g/ml）
0%	3.001	3.974	0.755 1
5%	3.019	4.533	0.665 9
10%	3.004	4.633	0.648 4
15%	3.008	4.733	0.635 5
20%	3.000	4.800	0.625 1

（四）小结

（1）通过单因素试验确定了雄蚕蛾体内睾酮和 β-蜕皮激素最佳提取条件，提取溶液为 70% 乙醇，提取时间为 2 小时，提取温度为 25℃，固液比为 1:5。

（2）通过测定不同工艺条件下水提物的多糖及固形物含量，采用正交试验和方差分析，考虑到节约成本和提高效率，得到了水提物最佳工艺条件为 A3B1C3 即加水量为 25 倍，提取时间为 30 min，提取次数为 3 次。

（3）确定了雄蚕蛾胶囊的工艺制作方法，对产品粉末添加不同种类及配比的辅料，对其进行粉体学研究，研究结果表明，用微晶纤维素作为辅料有较好的效果。虽然添加糊精和微晶纤维素的混合粉能够降低成本，但得到的相关粉体学数据较单个添加微晶纤维素比并无显著提高，故可根据实际生产情况，考虑合适的辅料添加方案。

参考文献

陈惠娟. 2013. 家蚕活性物质 DNJ、蜕皮激素分析及其降血糖功能评价 [D]. 广州：华南农业大学.

董洁. 2015. 家蚕发育过程中主要营养物质变化规律及蚕蛹分级蛋白加工特性研究 [D]. 广州：华南农业大学.

胡腾根，邹宇晓，廖森泰，等. 2017. 蚕蛹油脂的提取技术及其营养、保健功能研究概况 [J]. 蚕业科学，43 (3)：514-520.

廖森泰，肖更生，刘学铭. 2010. 蚕桑资源综合利用实用技术及规程 [M]. 北京：中国农业科学技术出版社.

刘翀. 2013. 蚕蛹油中 α-亚麻酸的精制富集工艺研究及其微胶囊化工艺研究 [D]. 武汉：华中农业大学.

刘军，廖森泰，邹宇晓，等. 2013. 雄蚕蛾营养活性成分的提取方法及工艺优化 [J]. 蚕业科学，39 (1)：146-171.

刘源源. 2016. 雄蚕蛾蛋白活性肽的制备及其抗疲劳作用研究 [D]. 湛江：广东海洋大学.

鲁珍. 2013. 酶解—超滤蚕蛹蛋白制备呈味基料的研究 [D]. 湛江：广东海洋大学.

穆利霞. 2012. 蚕蛹蛋白制备食品配料及呈味基料的研究 [D]. 广州：华南农业大学.

穆利霞，廖森泰，孙远明，等. 2013. 活蛹缫丝工艺对蚕蛹主要组分含量与性状的影响 [J]. 蚕业科学，39 (1)：81-87.

宋昆. 2015. 雄蚕蛾活性激素检测及抗疲劳产品研发 [D]. 武汉：华中农业大学.

吴婕. 2016. 鲜茧缫丝蚕蛹呈味基料的制备及在肉脯中的应用 [D]. 南昌：江西农业大学.

谢书越. 2015. 蚕蛹蛋白酶解产物抗氧化和抑制肿瘤增殖活性研究 [D]. 湛江：广东海洋大学.

余清. 2012. 不同品种蚕蛹油脂分析及其对糖尿病小鼠糖脂代谢的影响 [D]. 武汉：华中农业大学.

张颖. 2017. 雄蚕蛾活性肽的分离纯化及其调节 L6 细胞糖代谢的作用研究 [D]. 广州：华南农业大学.

郑翠翠. 2014. 蚕蛹油的氧化稳定性及其降血脂功能评价研究 [D]. 武汉：华中农业

大学.

Liu Y Y, Wang S Y, Liu J, et al. 2016. Antioxidant activity and stability study of peptides from enzymatically hydrolyzed male silkmoth. Journal of food processing and preservation: DOI 10. 1111/jfpp.13 081.

Zou Y X, Hu T G, Shi Y, et al. 2016. Silkworm pupae oil exerts hypolipidemic and antioxidant effects in a rat model of high-fat diet-induced hyperlipidemia. Journal of the Science of Food and Agriculture: DOI 10.1002 /jsfa.8009.

Zou Y X, Hu T G, Shi Y, et al. 2017. Establishment of a model to evaluate the nutritional quality of *Bombyx mori* Linnaeus (Lepidoptera, Bombycidae) pupae oil based on principal components. Journal of Asia-Pacific Entomology, 20: 1 364-1 371.